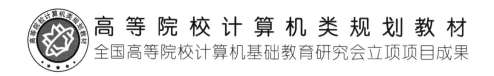

高等院校计算机类规划教材

全国高等院校计算机基础教育研究会立项项目成果

HTML5、CSS3、JavaScript
程序设计实用教程

主编　周子程　王志海

U0282374

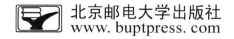

北京邮电大学出版社

www.buptpress.com

内 容 简 介

本书介绍了 HTML5、CSS3 与 JavaScript 相关的程序设计方法,书中对知识点做了详细的分析与解读,通俗易懂,便于学习。全书共分 9 章,第 1～2 章介绍了 HTML,包括 HTML5 概述、通过 HTML 创建表格与表单;第 3～5 章介绍了 CSS,包括 CSS 概述和 CSS 应用;第 6～8 章介绍了 JavaScript 基础与对象、DOM 对象与 BOM 对象;第 9 章介绍了基于框架的程序设计。书中的知识点都结合了案例进行介绍,并对案例做了适当的说明,方便读者快速掌握网页程序设计方法。

本书可以作为大学计算机及相关专业的网页设计基础类课程的教材,也适用于有一定程序设计基础的初学者。

图书在版编目（CIP）数据

HTML5、CSS3、JavaScript 程序设计实用教程 / 周子程,王志海主编 . -- 北京：北京邮电大学出版社, 2022.6

ISBN 978-7-5635-6636-5

Ⅰ．①H… Ⅱ．①周… ②王… Ⅲ．①超文本标记语言—程序设计—教材②JAVA 语言—程序设计—教材 Ⅳ．①TP312.8

中国版本图书馆 CIP 数据核字(2022)第 067932 号

策划编辑：马晓仟 刘纳新 **责任编辑**：廖 娟 **封面设计**：七星博纳

出版发行：北京邮电大学出版社

社 址：北京市海淀区西土城路 10 号

邮政编码：100876

发 行 部：电话：010-62282185 传真：010-62283578

E-mail：publish@bupt.edu.cn

经 销：各地新华书店

印 刷：保定市中画美凯印刷有限公司

开 本：787 mm×1 092 mm 1/16

印 张：13

字 数：335 千字

版 次：2022 年 6 月第 1 版

印 次：2022 年 6 月第 1 次印刷

ISBN 978-7-5635-6636-5 定价：36.00 元

前　言

随着互联网技术的不断发展,以互联网为背景的行业随之兴起,不同主题的 Web 应用也愈来愈多,而 Web 前端程序设计作为 Web 应用中的重要一环,往往是计算机科学、软件工程、信息管理、电子商务等计算机相关专业的基础核心课程之一。

全书共 9 章,内容主要分为 HTML5、CSS3 和 JavaScript 三部分。由于三者关系并不完全独立,后续章节中的案例往往需要结合前面章节中的知识点演示,因此为了帮助初学者快速掌握网页程序设计方法,本书在内容的编排上做了适当的取舍。其中,第 1～2 章介绍 HTML,主要内容包括 HTML 的文档结构与编写方法、HTML 常用标签以及如何利用 HTML 创建表格与表单等。第 3～5 章介绍 CSS,主要内容包括 CSS 用法,如何使用 CSS 的各种选择器并通过修改样式属性来美化网页元素,盒子模型,各种网页布局方法等。第 6～8 章介绍 JavaScript,考虑到大部分高校的计算机相关专业会将 C 语言或 Java 语言作为程序设计的入门语言,所以第 6 章对 JavaScript 基础中与其他语言相似的部分做了适当的取舍,以便读者能够更早地结合 HTML5 与 CSS3 等内容体会网页设计的乐趣。第 7～8 章讲解了 JavaScript 中的内置对象、BOM 对象和 DOM 对象,并结合实例介绍了对象的用法。第 9 章介绍了部分 JavaScript框架及用法,以帮助读者更高效地进行网页设计。

本书在编写过程中得到了多位老师的帮助与指导,在此表示衷心的感谢。本书的出版由全国高等院校计算机基础教育研究会 2019 年度计算机基础教育教学研究项目(项目编号:2019-AFCEC-005)资助。

由于编者水平有限,书中难免存在不当之处,请读者批评指正。

编　者

目　　录

第 1 章　HTML5 概述

Web 应用程序可以利用网页文件、数据交互技术与多媒体资源等向用户呈现丰富的信息。HTML 是一种标记语言,HTML5 是在 HTML 基础上的新标准,增加了一些新的标签与特性。在网页文件中,如用户登录注册信息的页面,会显示输入框和按钮等控件,这些可以通过 HTML 标签来实现,在第 2 章中会有更详细的说明。本章将介绍 HTML 基础与 HTML5 中增加的新标签,使读者进一步了解 HTML,从而为网页设计打下基础。

1.1　HTML5 概述

我们常见的网站是由网页组成的,网页和网页的链接都有对应的 URL(统一资源定位符,用以定位互联网上的资源)。如同计算机中的一张图片素材,我们可以通过它的物理路径找到它,如图 1-1 所示。

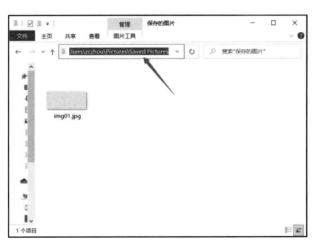

图 1-1　图片路径

网页被分类为静态网页和动态网页。Web 1.0 时代,人们访问的大多是静态网页,这类网页中的数据只能单方面向用户流动,所以网站的主题较为局限,用户访问的网站类别常常局限于纯粹的新闻类或资讯类。

发展到 Web 2.0 时代,网站更注重用户交互,并且用户既是网站内容的消费者,也是内容的创造者,如微博、优酷等社交类的网站,这种网站采用动态网页技术,即以数据库技术为基础完成大量的数据存取等操作。Web 3.0 时代则更好地将人工智能、数据挖掘等一系列技术融入其中,对数据进行定向挖掘,从而塑造用户人物特征,并试图从互联网上的海量信息中搜寻适合用户的部分并反馈,但无论是 1.0 还是 3.0 都需要遵循 Web 标准。

Web 标准是将各部分标准组合在一起,这些标准大部分由 W3C 负责制定,也有一些标准由其他标准组织制定的，如 ECMA 的 ECMAScript 标准等。本书围绕 HTML5、CSS3、JavaScript 介绍，它们三者的关系如图 1-2 所示。

图 1-2　网页开发技术结构关系图

1.2　HTML 文档结构和编写方法

1.2.1　HTML 文档结构

静态网页文档的扩展名为.html 或者.htm，可以采用任何的文本编辑器进行开发。一个纯 HTML 文档是由一系列的标签组成的，HTML 的标签用来限定元素在文档的位置。这些标签常利用< >符号和标签名组合而成，其语法格式为：<标签名>数据</标签名>。

一个 HTML 文档以< HTML >为开始，以</HTML >为结束。值得注意的是，HTML 中有些标签并不是成对出现的。HTML 文档又可分为两部分，分别是文档头和文档体，文档头使用< HEAD ></HEAD>定义，在文档头中可以指定文档的某些属性；文档体使用< BODY ></BODY >定义，用以指定文档中要显示的内容和结构，是文档的主要部分。标签之间常采用并列、嵌套等关系来完成结构设计，虽然标签不区分大小写，但作为网页开发者最好将其统一。

【**例 1-1**】　采用基本结构标记文档的 HTML 文档 code 1-1。

```
< html >
< head >
    <title>第一个 html 文档</title>
</head >
< body >
    <h1>欢迎学习 html 基础</h1 >
</body >
</html >
```

HTML 从初期到现在经历了很多版本，我们需要利用<! DOCTYPE >声明来告知浏览器目前的 HTML 文档是基于哪一个版本，<! DOCTYPE >声明位于文档最前面的位置，处于< html >标签之前。HTML5 的文档声明为<! DOCTYPE html >。而 HTML 4.01 中，<! DOCTYPE >声明需引用 DTD(文档类型声明)，分别是 Strict、Transitional 和 Frameset。这里的建议是今后在编辑 HTML 文档时，尽量都加上<! DOCTYPE >声明来确保浏览器可以预先明确文档类型，以便文档可以正确显示。

1.2.2　HTML 文档的编写方法

常用的编写方法分为两种：一种是手动编写 HTML 文档，这种方式有助于初学者掌握常用的标签;另一种是采用 HTML 编辑工具编写,这种方式更高效,适用于有一定基础的网页开发人员。

1. 采用记事本编写 HTML 文档

具体步骤如下。

1）在 Windows 桌面右击,创建文本文档 hello.txt。打开记事本后,输入例 1-1 中的代码,如图 1-3 所示。

2）编辑完 HTML 代码后,使用"CTRL＋S"组合键保存文件,单击"文件"→"另存为",在对话框中将"保存类型"选择为"所有文件",修改 hello.txt 为 hello.html 并保存,如图 1-4 所示。

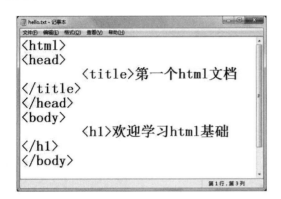

图 1-3 编辑代码

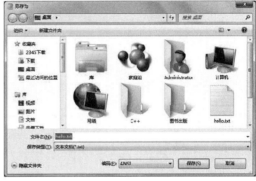

图 1-4 修改文件类型

3）在桌面找到 hello.html 文档,使用浏览器打开后的效果如图 1-5 所示。

图 1-5 网页浏览效果

如果想要再次编辑当前网页,可以在桌面找到 hello.html 文档右击,选择"打开方式",在弹出的菜单中选择"选择默认程序",然后在弹出的对话框中找到"记事本"即可。将编辑好的代码保存后,在浏览器中重新刷新即可浏览。

2. 采用 Dreamweaver CC 2019 编写 HTML 文档

具体操作步骤如下。

- 打开 Dreamweaver CC 2019,初次进入软件可以根据向导进一步了解软件的使用方法。
- 了解完向导后,单击"文件"→"新建"→"新建文档"→"HTML",文档类型可以选择其他标准,这里我们不做选择,采用默认的 HTML5 标准,单击"创建",进入编辑界面。如图 1-6 所示。

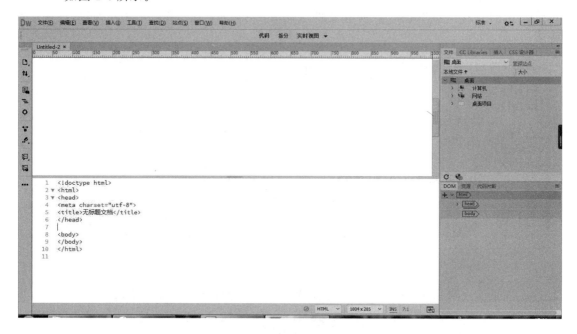

图 1-6　代码编辑界面

- 在当前界面,默认采用拆分的形式显示,上半部分是设计区域,会实时显示代码编辑的效果;下半部分属于代码编辑区域。请根据例 1-1 修改代码,观察实时显示的结果。

由于一些辅助开发工具支持对代码的自动化生成,在未完全掌握文档结构与常用标签前,不建议使用 Dreamweaver 或类似的工具进行 HTML 代码编辑。

1.3　HTML 常用标签与全局属性

HTML 的常用标签有头部标签、主体标签、文本标签、列表标签、图像标签、超级链接标签、热点标签、作为容器的区块和内联标签、注释标签等。

1.3.1　头部标签

<head>作为容器标签包含了所有的头部标签。在<head>元素中可以插入 JavaScript 脚本(scripts)、CSS 样式文件(style)及各种 meta 信息。

可以添加在头部区域的单标签包括<meta>和<link>,双标签包括<title></title>、<style></style>、<script></script>、<noscript></noscript>和<base></base>。

1. <title>标签

<title>定义了不同文档的标题信息。当添加当前网页到收藏夹时,默认标题会显示在收藏夹中。执行例 1-1 代码后,谷歌浏览器中标题显示位置如图 1-7 所示。

图 1-7　标题显示位置

2. <meta>标签

<meta>元素通常用于指定网页的描述、关键词,文件的最后修改时间、作者和其他元数据。元数据不显示在页面上,但会被浏览器解析。元数据可以用于浏览器(如何显示内容或重新加载页面)、搜索引擎(关键词)或其他 Web 服务。值得注意的是,在 HTML 中,<meta>元素没有结束标签</meta>且永远位于 head 元素内部。

HTML 标签可以拥有属性。属性提供了有关 HTML 元素的更多的信息。属性总是通过键值对的形式出现,如 color = "red"。meta 元素相关属性的简单介绍如表 1-1 所示。

表 1-1　<meta>标签中的属性与对应值

属性	属性值	说明
charset	character_encoding	定义文档的字符编码
content	text	定义与 http-equiv 或 name 属性相关的元信息
http-equiv	content-type default-style refresh	把 content 属性关联到 HTTP 头部
name	application-name author description generator keywords	把 content 属性关联到一个名称

1) charset 属性

charset 属性可以设定 HTML 文档的字符编码。浏览器在获取 HTML 文档之后,会根据指定的编码方式对文档解码,如果文档的编码方式与指定的编码方式不一致,则会出现乱码,中英文混编常用的编码格式为 utf-8 和 gb2312,其使用方法如下。

```
< meta charset = "utf-8">
```

2) content 属性

content 属性提供了名称/值对中的值。该值可以是任何有效的字符串,并且 content 属性始终要和 name 属性或 http-equiv 属性一起使用。如例 1-2 所示。

【例 1-2】 content 属性用法 code 1-2。

```
<! DOCTYPE html >
< html >
< head >
< meta http-equiv = "Content-Type" content = "text/html; charset = gb2312" >
< meta name = "keywords" content = "HTML, CSS, ,JavaScript ">
</head >
< body >

<p>The meta elements of this document describe the document and its keywords.</p>

</body >
</html >
```

在本例中,将 meta 中的属性 name 设置为 keywords,在早些时候,meta keywords 关键字对搜索引擎的排名会产生一定的影响,也是很多设计者对网页搜索优化的选择,例子中关键字为 HTML、CSS、JavaScript,这是我们在浏览网页时无法看到的。

3) http-equiv 属性

http-equiv 属性用于指定头部协议类型,我们可以利用它向浏览器传回一些有用的信息,以帮助正确和精确地显示网页内容,content 属性用于指定头部协议类型的值。其用法如下。

```
< meta http-equiv = "参数" content = "参数变量值">
```

如表 1-1 所示,http-equiv 可选取的值主要包括 content-type、default-style 和 refresh,其中 content-type 属性值搭配 content 使用可用于定义用户的浏览器或相关终端以哪种方式加载数据,原因在于 http 协议采用的是请求/响应模型,客户端向服务器端发送一个请求,该请求由请求行、请求头和请求体组成,其中请求头包含请求的方法、URI、协议版本,以及请求修饰符、客户信息和内容的类似于 MIME 的消息结构。服务器以一个状态行作为响应,相应的内容包括消息协议的版本、成功或者错误编码、服务器信息、实体元信息以及可能的实体内容。Content-Type 是返回消息中非常重要的内容,表示后面的文档属于哪种 MIME 类型。示例如下。

```
< meta http-equiv = "content-type" content = "text/html; charset = UTF-8">
```

可用于以网页形式打开该资源,并设定网页的编码格式为 UTF-8,这里的 UTF-8 是针对

Unicode 的一种可变长度字符编码。MIME 类型有很多种,如以 Office 文件方式加载、XML 方式加载和二进制流数据加载等。

default-style 属性值可以用于设定要使用的预定义的样式表。示例如下。

```
< meta http-equiv = "default-style" content = "the document's preferred stylesheet">
```

refresh 属性值可以用于定义文档自动刷新的时间间隔。如例 1-3 所示。

【例 1-3】 refresh 属性用法 code 1-3。

```
<! DOCTYPE html >
< html >
< head >
< meta http-equiv = "refresh" content = "3;url ='https://www.baidu.com'"/>
    < title > refresh 用法</title >
</head >
< body >
    < h1 > 3 秒后将自动刷新跳转到百度首页</h1 >
</body >
</html >
```

例 1-3 中指定在 3 秒后跳转到 URL 对应的页面,其中 URL 对应的值也可以是本地文件,但要注意路径问题。不指定跳转页面可以用如下写法。

```
< meta http-equiv = "refresh" content = "3"/>
```

4）name 属性

关于 name 属性对应属性值的说明如表 1-2 所示。

表 1-2 name 属性对应属性值及说明

属性值	说 明
application-name	设定页面所代表的 Web 应用程序的名称
author	设定文档的作者的名字
description	设定页面的描述。搜索引擎会把这个描述显示在搜索结果中
generator	设定用于生成文档的一个软件包(不用于手写页面)
keywords	设定一个逗号分隔的关键词列表,具体用法如例 1-2 所示

1.3.2 主体标签

在网页中,用于显示内容的元素都会放在主体标签内部,形成嵌套结构,可以将其想象成一张很大的屏幕,图片、视频和文字等内容都可在屏幕中展示。屏幕可大可小,屏幕的底色可白可灰,这些都可以通过 body 的属性来控制。主体标签的语法格式如下。

```
< body 属性 = "属性值">元素…</body >
```

【例 1-4】 body 属性用法 code 1-4。

```
<! DOCTYPE html >
< html >
< head > </head >
< body bgcolor = "yellow"> < h1 >修改 body 背景颜色为黄色</h1 > </body >
</html >
```

虽然可以通过标签的属性对样式进行修改,但在学习 CSS 部分后,更推荐使用 CSS 来完成样式的设定。

1.3.3 文本标签

文本和图片是网页中内容输出的主要元素,如同在 Office Word 中对文本格式化一样,在 HTML 中也可以设置文字的字体、颜色、大小等。本节将文本标记分为三个部分,分别是文本标记、文本样式标记和文本排版标记。由于篇幅关系,这里仅列出部分标签,如表 1-3 所示。

表 1-3 文本标签及说明

类型	标签名	说　明
文本标记	font	字体标签,H5 不支持,使用 CSS 代替
文本样式标记	h1～h6	标题标签,h1 做主标题,h2 做次级标题,顺次排列
	b	定义加粗文本
	i	定义斜体文本
	sub/sup	定义下标/上标
文本排版标记	p	定义段落标记
	br	定义换行标记,单体标签

1. 标题标签

通过<h1 >～<h6 >标签来定义标题,<h1 >相当于 Office Word 中的一级标题,<h6 >相当于最小的标题。需要注意的是,标题不仅能让文本形成加粗和增大字号的效果,而且搜索引擎会使用标题为网页的结构和内容编制索引,所以可以用标题来调整文本结构。

【例 1-5】 标题标签用法 code 1-5。

```
<! DOCTYPE html >
< html >
< head >
    < meta http-equiv = "content-type" content = "text/html; charset = UTF-8">
    <title>标题标签用法</title>
</head >
< body >
    < h1 > < i >一级标题</i > </h1 >
    < h2 >二级标题</h2 >
    < h3 >三级标题</h3 >
    < h4 >四级标题</h4 >
```

```
    <h5>五级标题</h5>
    <h6>六级标题</h6>
</body>
</html>
```

例 1-5 执行的效果如图 1-8 所示。

图 1-8 标题标签用法执行结果

2. 文本排版标记

换行标签< br >是一个独立的标签,没有结束标记,它能强制换行一次。我们可以利用< p ></p>标签来定义一个段落。值得注意的是,段落标签是有结束标记的,如果希望在文档中有比较明确的分割线,我们可以使用< hr >标签来完成,< hr >标签可定义 HTML 页面中的一条水平线,用以分割新内容。< center ></center>标签可以定义居中格式,例 1-6 中将上述标签做了综合演示。

【例 1-6】 文本排版标记 code 1-6。

```
<! DOCTYPE html >
< html >
< head >
    < meta http-equiv = "content-type" content = "text/html; charset = UTF-8">
    < title >文本排版标签用法</title>
</head>
< body >
    < center >< font color = "red">< h1 > Microsoft Office 软件</h1 ></font ></center >
    < hr >
    < p align = "center">
        Microsoft Office Word < br >
        Microsoft Office Excel < br >
        Microsoft Office PowerPoint < br >
```

```
        </p>
    </body>
</html>
```

在浏览器中的预览效果如图 1-9 所示,分别实现了居中、分割线、换行和段落排版等效果。在 font 标签中的 color 属性用以设置文字颜色。

图 1-9　文本排版执行结果

需要注意的是,浏览器显示时,标题标签和水平线标签通常会单独占据一行,所以在标题后并未额外添加< br >标签。

1.3.4　列表标签

在 HTML 中,支持利用文字列表对信息进行有效的组织,使其更具条理性,通常将其分为有序列表和无序列表。为了帮助理解,可以将有序列表对应 Word 中的编号,无序列表对应 Word 中的项目符号。

1. 无序列表

无序列表,如字面含义一样,对文字的编排没有顺序,只使用符号进行列表标识,使用时需用一对< ul > </ul >标记,其中的每一个列表项要使用一对< li > </li >标记,为了使列表标识更具多样性,我们可以使用 li 标签中的 type 属性修改标识符号,不过在 HTML4 中就已经弃用,所以现在更推荐使用 CSS 完成样式设计。下面将使用无序列表完成文本的排列。

【例 1-7】　无序列表排版标记 code 1-7。

```
<! DOCTYPE html >
< html >
< head >
    < meta http-equiv = "content-type" content = "text/html; charset = UTF-8">
    < title >无序列表用法</title>
</head>
```

```
<body>
    <p><b>前端技术基础包括(使用无序列表):</b></p>
    <ul>
    <li>HTML
        <ul>
            <li>head 标签</li>
            <li>body 标签</li>
            <li>......</li>
        </ul>
    </li>
    <li>CSS</li>
    <li>JavaScript</li>
    </ul>
</body>
</html>
```

预览效果如图 1-10 所示,例中使用了无序列表的嵌套完成了次级列表的设计。我们可以注意到,由于列表级别不同,在未设置样式的情况下,列表标识符也产生了变化。

图 1-10　无序列表演示效果

2. 有序列表

有序列表类似于 Word 中的编号设置,列表标识可以是数字或字母等,使用方法与无序列表相似,利用一对<ol></ol>标签完成定义,其中的每一个列表项仍使用<li></li>定义。

【例 1-8】　有序列表排版标记 code 1-8。

```
<!DOCTYPE html>
<html>
<head>
    <meta http-equiv = "content-type" content = "text/html; charset = UTF-8">
    <title>有序列表用法</title></head>
<body>
```

```
<b>数字编号:</b>
<ol>
      <li>HTML</li>
      <li>CSS</li>
      <li>JavaScript</li>
</ol>   <b>大写字母列表:</b>
<ol type="A">
      <li>HTML</li>
      <li>CSS</li>
      <li>JavaScript</li>
</ol>   <b>小写字母列表:</b>
<ol type="a">
      <li>HTML</li>
      <li>CSS</li>
      <li>JavaScript</li>
</ol>
</body>
</html>
```

预览效果如图 1-11 所示,例中使用了<ol>标签的 type 属性来指定符号样式,除上述对应的类型外,还可以设置 I 和 i 来对应大写罗马数字和小写罗马数字。

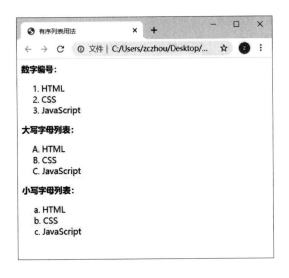

图 1-11　有序列表演示效果

1.3.5　图像标签

图片是网页中非常重要的元素,大到商品展示,小到公司标识,灵活地使用图片可以使网页更美观、更高效。在网页中插入图片需要使用<img>标签并设置属性和属性值。<img>标签是一个单体标签,其常见相关属性与描述如表 1-4 所示。

表 1-4 文本标签及说明

属 性	值	描 述
alt	text	设定图像的替代文本
src	URL	设定要显示图像的 URL
height	pixels %	设定显示图像的高度
width	pixels %	设定显示图像的宽度
crossorigin	anonymous use-credentials	设置图像的跨域属性

1. alt 用法

使用 alt 属性可以在图像无法显示时用设定的文本做替换,如网络无法正常连接或素材资源路径存在问题等,alt 的使用方法如下。

```
<img alt = "替换的文本">
```

2. src 用法

<img>标签中的 src 属性是必须设置的,因为图片、音频和视频都是嵌入到页面中的,所以需要设置这些文件的路径(路径用于定位文件位置)。

对于文件的定位方式通常有两种,分别是绝对路径和相对路径。这两种方式都可以定位图片,它们的主要区别在于参照位置。

1)绝对路径

绝对路径以根目录为参照来表示文件的位置,如图 1-12 中箭头指向的路径地址。

图 1-12 物理路径演示

此时,如果希望在 html 文件中嵌入当前图片,用如下方式表示。

```
<img src = "D:\路径演示\img01.jpg">
```

使用绝对路径对位置要求非常严格,如上面路径的某一部分发生变化都会导致定位失效,而这种操作是比较常见的,如将图片或文件夹移动到其他位置。所以,对于路径的表示在网页中更倾向于使用相对路径。

2）相对路径

相对路径是以当前位置为参照，如图 1-12 中的 code1-9. html 文件，由于 img01. jpg 文件与它在同一级别，所以路径表示如下所示。

```
< img src = "img01.jpg">
```

使用相对路径后，只要保持引入资源的文件和当前位置的相对关系没有发生变化，就不会产生任何问题。不过，为了方便项目的资源管理需要对其进行分类，如图片素材一般会放到 images 文件夹下，对于此情况，引入 img01. jpg 的写法需要做如下修改。

```
< img src = "images\img01.jpg">
```

需要注意的是，在相对路径中，"../"表示源文件所在目录的上一级目录，"../../"表示源文件所在目录的上上级目录，以此类推。

3. 设置图片的高度和宽度

利用 height 属性可以设置图片的高度，利用 width 属性可以设置图片的宽度，设置的值可以写成具体的数值，如下所示。

```
< img src = "images\img01.jpg" width = "100" height = "100">
```

也可以按照设计需要取值百分比类型，相对来说，这种情况图片的大小会依照图片外部的容器大小来计算。为了便于演示，此处引入一个容器标签< div > </ div >，它可以作为其他元素的容器，这个标签本身是没有特殊含义的，如果不设置它的样式，我们甚至无法在预览中看到它，相当于是一个透明容器。

【例 1-9】 图片宽高取百分比值 code 1-9。

```
<! DOCTYPE html >
< html >
< head >
    < meta http-equiv = "content-type" content = "text/html; charset = UTF-8">
    < title >img 宽高百分比值</title>
</ head >
< body >
    < img width = "50 % " height = "100" src = "img01.jpg">
    < hr >
    < img width = "100 % " height = "100" src = "img01.jpg">
    < hr >
    < div style = "height:100;width:50 % ">
    < img width = "100 % " height = "100" src = "img01.jpg">
    </ div >
</ body >
</ html >
```

【例 1-9】的预览效果如图 1-13 所示。

图 1-13　宽高百分比值演示

前两个< img >标签的容器都是< body ></body >,由于 width 属性分别设置了 50％和 100％,所以图片呈现的宽度相差一倍。第三个< img >标签的容器是< div ></div >,而该< div >的容器又是< body >,例中使用了一个全局属性 style 来添加样式,设置< div >标签的宽为 < body >容器的 50％,所以第二张和第三张图片虽然宽度值都是 100％,但由于容器大小不同,所以呈现的大小也有差异。

1.3.6　超级链接标签

网页中的超级链接也是非常重要的组成部分,如同 PPT 中的超级链接一样,通常将鼠标移动到设置过超级链接的元素上时,鼠标箭头会变成一只"小手",超级链接可以设置在一段文字、一幅图像或者图片中的一部分上,用鼠标点击就可以链接指向的资源。一个未被访问的链接文本通常显示为蓝色字体并带有下划线;访问后为紫色字体且带有下划线;点击链接时,变为红色字体且带有下划线。

利用< a ></a >标签来创建超级链接,href 属性来设置链接目标,属性值为 URL,其基本结构如下。

```
< a href = URL ></a >
```

1. 文本与图片链接

设置超链接选取的元素一般是文本和图片,用法是将文本或图片放到< a >开始标记和</a >结束标记之间,如果想设定以某种方式打开链接,则需要使用 target 属性。具体如表 1-5 所示。

表 1-5　文本标签及说明

值	描　述
_blank	设定以新窗口打开
_parent	设定在父窗口中打开链接
_self	默认,当前页面跳转
_top	在当前窗体打开链接,并替换当前的整个窗体

例 1-10 将使用文本和图片的超级链接,建议读者额外调整 target 属性值来理解对应的执行方式。

【例 1-10】 文本与图片超级链接 code 1-10。

```
<!DOCTYPE html>
<html>
<head>
    <meta http-equiv="content-type" content="text/html; charset=UTF-8">
    <title>超级链接用法</title>
</head>
<body>
    <a href="a.html">用户登录</a>
    <hr>
    <a href="b.html"><img src="img02.jpg" height="200" width="300"></a>
</body>
</html>
```

例 1-10 的预览效果如图 1-14 所示,点击文字会跳转到"a.html"页面,点击图片会跳转到"b.html"页面。

图 1-14　文本和图片超级链接演示

2. 锚点链接

当一个页面的长度偏长时,为了便于浏览,可以利用锚点链接直接定位焦点到想浏览的位置,被定位的位置称为锚点,写法如下。

```
<a name="锚点名称"></a>
```

需要定位的链接写法如下。

```
<a href="#锚点名称"></a>
```

这样就可以通过单击锚点链接使焦点定位到对应的锚点位置了,具体方法如例1-11所示。

【例1-11】 锚点链接code 1-11。

```html
<! DOCTYPE html>
< html >
< head >
    < meta http-equiv = "content-type" content = "text/html; charset = UTF-8">
    < title>锚点链接用法</title>
</head>
< body >
    < a href = " # sport">查阅运动品类</a>
    < a href = " # food">查阅食品品类</a>
    < a name = "top"> </a>
    < hr >

    < a name = "sport">运动</a>
    < p > Nike </p>
    < p > Adidas </p>
    < p > Puma </p>
    < div style = "height:500px"> </div>
    < hr >

    < a name = "food">食品</a>
    < p >香肠</p>
    < p >糕点</p>
    < p >坚果</p>
    < div style = "height:500px"> </div>
    < hr >

    < a href = " # top">返回顶部</a>
</body>
</html>
```

在实例中,点击查询运动品类会将焦点定位到"< a name = "sport">运动</a>"位置;点击查询食品品类会将焦点定位到"< a name = "food">食品</a>"位置;点击返回顶部,则返回到"< a name = "top"> </a>"标签位置。演示结果如图1-15和图1-16所示。

图1-15　锚点链接用法演示

图 1-16　锚点跳转演示

锚点链接除了可以定位到当前页的指定锚点位置，还可以跳转定位到其他网页的锚点位置，具体写法如下。

```
<a href = "其他页面#锚点名称"></a>
```

3. 电子邮件链接

如果希望浏览网页的用户在点击链接后可以自动打开电子邮件，并向特定的 E-mail 地址发送邮件，这个超级链接就是电子邮件超级链接。邮件链接能否生效取决于两个因素，一是系统中是否设置了能够正确发送电子邮件的应用程序，如 Outlook 或 Foxmail；二是写法是否正确（包括标签用法和邮件地址格式）。示例如下。

```
<a href = "mailto:zhangsan@163.com">发送邮件给张三同学</a>
```

由于其他类型的链接需要结合 JavaScript 使用，这里不做具体介绍，详见 JavaScript 相关章节。

1.3.7　热点标签

在浏览网页时，点击一张图片的不同区域可以链接到不同的内容，图片映射或热点指的是带有可点击区域的图像。这类图片必须结合 usemap 属性、< map ></map >标签和< area ></area >标签使用，其中 usemap 属性用以指定与图片对应的< map ></map >标签，而 area 元素嵌套在 map 元素内部。area 元素可定义图像映射中的区域，区域图形的类型如表 1-6 所示。

表 1-6　区域图形类型

属　　性	值	描　　述
shape	default	设定全部区域
	rect	定义矩形区域
	circle	定义圆形
	poly	定义多边形区域

为了确定区域的位置,还需要在 area 元素中使用 coords 属性以设定区域的 x 和 y 坐标。需要注意的是,图像的左上角坐标为"0,0"。对应不同图形的取值情况如下。

- 当 shape 值为 rect 时,则 coords 属性取值为矩形左上角(x,y)和右下角(x,y)的坐标。
- 当 shape 取值为 circle 时,则 coords 属性取值为圆心的坐标(x,y)和半径(r)。
- 当 shape 取值为 poly 时,则 coords 属性取值为多边形各顶点的值。

【例 1-12】　创建热点区域 code 1-12。

```
<! DOCTYPE html >
< html >
< head >
    < meta http-equiv = "content-type" content = "text/html; charset = UTF-8">
    <title>创建热点区域</title>
</head >
    < img src = "图片地址" width = "100" height = "100" usemap = "♯map">

    < map name = "map">
        < area shape = "rect" coords = "0,0,20,20"    href = "链接 1">
        < area shape = "circle" coords = "25,25,3" href = "链接 2">
        < area shape = "poly" coords = "0,30,30,30,0,100" href = "链接 3">
    </map >
</body >
</html >
```

1.3.8　区块元素标签与内联元素标签

绝大多数的 HTML 元素被定义为块级元素或内联元素。块级元素的相邻元素必须在新行显示,如< p >、< h1 >～< h6 >、< ul >和< div >等。内联元素的相邻元素不强制在新行显示,如< a >、< span >和< img >等。

【例 1-13】　区块元素与内联元素 code 1-13。

```
<! DOCTYPE html >
< html >
< head >
    < meta http-equiv = "content-type" content = "text/html; charset = UTF-8">
    <title>区块元素与内联元素</title>
</head >
< body >
    <p>块级元素</p>
    < img src = "img01.jpg" width = "100">
    < a href = "♯">内联元素</a>
</body >
</html >
```

例 1-13 的预览效果如图 1-17 所示。

图 1-17　块级元素与内联元素演示

1.3.9　注释标签

在 HTML 中可以插入注释,注释可以用以解释文档且不会在浏览器中显示。如果希望看到注释,可以在浏览器中按 F12 键来查阅源代码,注释的用法如下。

1.3.10　全局属性

前面的例题中列举了部分元素和元素属性,在 HTML 中有一类属性可以作用于任何元素,这类属性被称为全局属性,具体如表 1-7 所示。

表 1-7　全局属性与属性描述

属　性	描　述
class	设定元素的一个或多个类名(引用样式表中的类)
id	设定元素的 id 值
name	设定元素的 name 值
style	设定元素的行内 CSS 样式
dir	设定元素中内容的文字方向
accesskey	设定激活元素的快捷键
spellcheck(HTML5 新增)	设定是否对元素进行拼写和语法检查
draggable(HTML5 新增)	设定元素是否可拖动
contenteditable(HTML5 新增)	设定元素是否可以编辑

这里列举的部分全局属性能在绝大多数浏览器中兼容使用。

本 章 小 结

1. Web 标准是将各部分标准组合在一起,这些标准大部分由 W3C 负责制定,也有一些标准由其他标准组织制定,如 ECMA 的 ECMAScript 标准等。这几个部分主要包括结构、样式和行为。

2．HTML 是一种标记语言,HTML5 是在 HTML 基础上的新标准,增加了一些新的标签与特性。网页和网页的链接都有对应的 URL(统一资源定位符,用以定位互联网上的资源)。

3．HTML 的常用标签有头部标签、主体标签、文本标签、列表标签、图像标签、超级链接标签、热点标签、作为容器的区块和内联标签、注释标签等,我们可以通过设置标签的属性来调整元素在文档中的呈现。

练 习 题

一、单项选择题

1．定义无序列表的标签为(　　　)。

A．font　　　　　　　B．ol　　　　　　　　C．ul　　　　　　　　D．li

2．HTML 中的标题标签可从< h1 >定义到(　　　)。

A．h3　　　　　　　　B．h4　　　　　　　　C．h5　　　　　　　　D．h6

3．如果希望在一组完整的段落标记中换行,可以使用以下的(　　　)标记实现。

A．br　　　　　　　　B．hr　　　　　　　　C．sr　　　　　　　　D．dr

4．HTML 中链接标记中的(　　　)属性用于代表链接目标。

A．src　　　　　　　　B．href　　　　　　　C．width　　　　　　　D．meta

5．若希望修改 body 的背景颜色,可以使用以下的(　　　)属性。

A．bgcolor　　　　　B．border　　　　　　C．changecolor　　　D．color

二、综合题

1．请列举五个和< br >一样可以单独使用的标签。

2．网页中最基本的三个组成元素是哪些? 它们分别起什么作用?

3．请在网页中插入"百度"和"搜狐"两词,通过超链接实现点击文字跳转到对应的网站。

4．请简要说明相对路径和绝对路径的区别。

第2章 创建表格、表单与框架

相较于第 1 章中的 HTML 元素,本章的元素对网页结构影响更大,如表格、表单和框架等。在 HTML 中,表格可以让数据的组织更清晰、更规整,也可以用于页面布局。在表单中,可以插入非常丰富的控件,如按钮、可输入的文本框、复选按钮和下拉列表等。用户在浏览网站的过程中,为了完成与服务器之间的数据交互,通常都需要利用表单中的控件进行数据传递,如登录账号需要将数据输入文本框中,从商城的购物车中点击复选框完成商品结算等。通过使用框架,可以在同一个浏览器窗口中显示多个页面,这些都是网页设计中非常重要的组成部分。

2.1 表　格

HTML 中的表格与办公软件中的表格在结构上和操作上都很相似,如对表格中的单元格进行拆分或合并、边框加粗或添加底纹等。

2.1.1 表格的结构

组成表格的基本结构包括一对完整的表格标签< table ></table >和若干行,而每一行又可以被分割成若干单元格,行用一对< tr ></tr >标签定义,单元格用一对< td ></td >标签定义。< table >标签内部允许嵌套< table >,单元格内部可以插入文本、图片、列表等。如例 2-1 定义了一个三行三列的表格。

【例 2-1】 表格基本结构 code 2-1。

```
<! DOCTYPE html >
< html >
< head >
    < meta http-equiv = "content-type" content = "text/html; charset = UTF-8">
    < title >2 行 3 列表格</title >
</head >
< body >
< table >
    < tr >
        < td >第 1 行第 1 列</td >
        < td >第 1 行第 2 列</td >
        < td >第 1 行第 3 列</td >
    </tr >
```

```
    <tr>
        <td>第 2 行第 1 列</td>
        <td>第 2 行第 2 列</td>
        <td>第 2 行第 3 列</td>
    </tr>
</body>
</html⊥>
```

例 2-1 的预览效果如图 2-1 所示。

图 2-1 表格演示

从演示结果可以看到显示的表格非常紧凑且没有边框,为了让表格展示数据的效果更好,需要调整表格的样式,这部分需要使用 CSS,详见 CSS 相关章节。为了保证后续样例的演示效果,本章会使用表格的部分属性,具体如表 2-1 所示。

表 2-1 常用表格属性

属性名	属性值	描　　述
border	HTML5 中仅支持 1 或" "	设定表格单元是否拥有边框
width	像素值或百分比	HTML5 不支持。设定表格宽度
height	像素值或百分比	HTML5 不支持。设定表格高度
cellpadding	像素值	HTML5 不支持。设定单元边沿与其内容之间的空白
cellspacing	像素值	HTML5 不支持。设定单元格之间的空白
colspan	数字	设定单元格可横跨的列数
rowspan	数字	设定单元格可横跨的行数

【例 2-2】 设置表格属性 code 2-2。

```
<!DOCTYPE html>
<html>
<head>
    <meta http-equiv = "content-type" content = "text/html; charset = UTF-8">
    <title>表格基本结构 2</title>
</head>
```

```
< body >

< table width = "600" border = "1">
    < tr height = "100">
        < td colspan = "3" >横跨三列</td>
    </tr>

    < tr height = "100">
        < td >2 行 1 列</td>
        < td >2 行 2 列</td>
        < td >2 行 3 列</td>
    </tr>

    < tr height = "100">
        < td colspan = "3" >

        < table border = "1" width = "700" height = "80">
        < tr >
            < td >嵌套表格 1</td>
            < td >嵌套表格 2</td>
            < td >嵌套表格 3</td>
        </tr>
        </table>

        </td>
    </tr>
</table>

</body>
</html>
```

例 2-2 使用了表 2-1 中的属性完成了表格设计。需要说明的是,表格允许嵌套设计,但在非必要的情况下不建议使用,演示效果如图 2-2 所示。

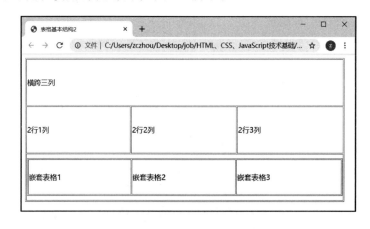

图 2-2　表格添加属性效果演示

从图 2-2 中可以看到,在外部表格的第三行嵌套了一个一行三列的表格,并且外部表格的宽度被内部表格设置的更大的宽度值更新了。该图中,虽然对表格的基本结构做了定义,但由于未设置样式,导致浏览器中呈现了空白。

需要注意的是:①外部表格的实际宽度还应当加上其边框宽度。②表格在未设置宽度、高度、边框等样式且内容为空的时候,会影响在浏览器中显示效果,如图 2-3 所示。

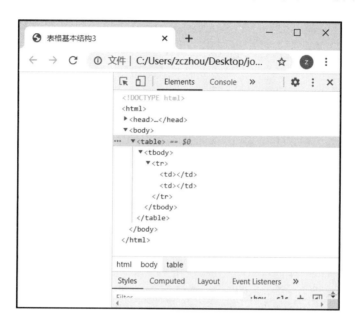

图 2-3 表格结构无样式效果演示

2.1.2 完整的表格标签

在上一小节的内容中着重介绍了表格的基本结构,使用的标签包括< table >、< tr >和< td >。在本小节中将介绍表格的其他标签,具体如表 2-2 所示。

表 2-2 完整表格标签

标　签	说　明	标　签	说　明
< table >	定义表格	< colgroup >	定义表格列的组
< th >	定义表格的表头	< col >	定义用于表格列的属性
< tr >	定义表格的行	< thead >	定义表格的页眉
< td >	定义表格单元	< tbody >	定义表格的主体
< caption >	定义表格标题	< tfoot >	定义表格的页脚

在表格结构中,单元格设置使用的标签主要分为< th >和< td >两种,< th >标签用于定义表格中的表头单元格。与< td >标签定义的普通单元格不同的是,表头单元格中的文本默认样式是加粗且居中的。另外,表头单元格也允许使用 rowspan 属性和 colspan 属性以横跨行或列。< caption ></caption >标签用于定义表格标题,用法是必须放在表格< table >标签之后,且每个表格只能定义一个标题,标题的默认样式是居中于表格上方的,如例 2-3 所示。

【例 2-3】 带标题的表格 code 2-3。

```html
<!DOCTYPE html>
<html>
<head>
    <meta http-equiv = "content-type" content = "text/html; charset = UTF-8">
    <title>caption 标签</title>
</head>
<body>
<center>
<table border = "1" width = "600px">
    <caption><b><i>费用汇总</i></b></caption>
    <tr>
        <th> </th>
        <th>一月</th>
        <th>二月</th>
    </tr>
    <tr>
        <td><b>交通</b></td>
        <td>1000</td>
        <td>1050</td>
    </tr>
    <tr>
        <td><b>服装</b></td>
        <td>400</td>
        <td>600</td>
    </tr>
</table>
</center>
</body>
</html>
```

例 2-3 的预览效果如图 2-4 所示。

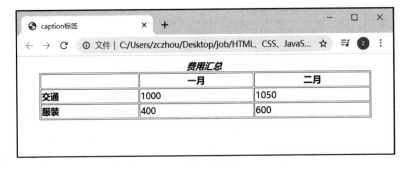

图 2-4 带标题的表格效果演示

　　< thead >、< tbody >和< tfoot >标签默认不会影响表格的布局,它们分别用于定义表格的页眉、主体和页脚。通常,它们都是结合其他标签使用的,并且内部必须包含一个或者多个< tr >标签。通过使用这些标签,使浏览器有能力支持独立于表格表头和表格页脚的表格主体滚动。当包含多个页面的、长的表格被打印时,表格的表头和页脚可被打印在包含表格数据的每张页面上。

【例 2-4】　. html code 2-4。

```html
<! DOCTYPE html >
< html >
< head >
    < meta http-equiv = "content-type" content = "text/html; charset = UTF-8">
    < title >表格结构 4</title >
</head >
< body >
< table border = "1" width = "300">
    < thead >
        < tr >
            < th >年 份 </th >
            < th >人 数 </th >
        </tr >
    </thead >
    < tfoot >
        < tr >
            < td >统 计 </td >
            < td > 25000 </td >
        </tr >
    </tfoot >
    < tbody >
        < tr >
            < td > 2020 </td >
            < td > 10000 </td >
        </tr >
        < tr >
            < td > 2021 </td >
            < td > 15000 </td >
        </tr >
    </tbody >
</table >
</body >
</html >
```

例 2-4 的预览效果如图 2-5 所示。

　　< colgroup >标签可用于定义表格分组。通过使用< colgroup >标签,可以向整列应用样式,而不需要重复为每个单元格或每一行设置样式。为了能够将效果应用于多个列,往往会结合

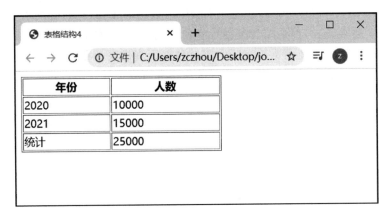

图 2-5　code 2-4 效果演示

span 属性来使用,若要为< colgroup >内的列定义不同的属性,则需要在< colgroup >标签内使用< col >标签,用法如下。

```
< colgroup >
    < col span = "横跨列数"      style = "样式设计 ">
    < col style = "样式设计">
</colgroup >
```

2.1.3　使用表格布局

目前,大多数的网站都不再使用表格布局,主要原因在于其设计的灵活性较差,且占用较多的用户端和服务器端资源。不过,在某些特定的场景使用表格布局会让数据的呈现更直观、更正确。使用表格布局相对比较简单,只需要设计好每个单元格中填入的素材即可。不过,单元格的比例设置应与素材一致,如一张分辨率为 168×240 的图片拉伸在比例不相符的单元格中就会呈现出较差的效果。

【例 2-5】　使用表格布局 code 2-5。

```
<! DOCTYPE html >
< html >
< head >
    < meta http-equiv = "content-type" content = "text/html; charset = UTF-8">
    < title >表格布局</title >
</head >
< body >
< table border = "1" cellspacing = "0" style = "width:100 % ;height:auto">
    < tr >
        < td colspan = "2" style = "width:100 % ;height:100px;background:yellow">
        < h1 > Logo </h1 >
        </td >
    </tr >
```

```
    <tr>
        <td colspan = "2" style = "width:100%;height:60px"><h1>导航</h1></td>
    </tr>
    <tr>
        <td style = "width:20%;height:250px"><h1>内容1</h1></td>
        <td style = "width:80%;height:250px"><h1>内容2</h1></td>
    </tr>
    <tr>
        <td colspan = "2" style = "width:100%;height:40px"><h1>声明</h1></td>
    </tr>
</table>
</body>
</html>
```

例 2-5 的预览效果如图 2-6 所示。

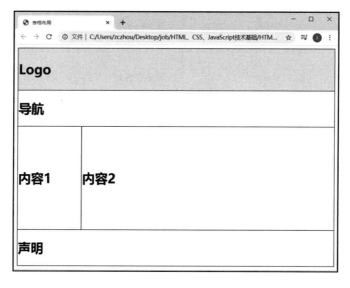

图 2-6　使用表格布局效果演示

2.2　表　　单

表单在浏览器中的作用较大,通过表单中设计的控件可以采集、浏览用户的输入数据,如登录时用户的账号和密码、注册时填入的个人资料等,它相当于一个包含控件的容器,表单的常见用法如下。

```
<form id = "表单名称" method = "post/get" action = "跳转的 url" ……>
各种控件或其他元素
</form>
```

在 HTML5 中,表单标签包含很多可用属性,并且由于需要利用表单标签完成数据交互,所以标签还支持事件属性。HTML4 的新特性之一是可以使 HTML 事件触发浏览器中的行为,类似于单击鼠标触发的单击事件,按下键盘的某个按键触发的按键事件等,事件属性需要结合 JavaScript 编写的响应函数使用,这里不做介绍,用法详见 JavaScript 相关章节。在< form >标签用法中列举的 id 是一个全局属性,用来定义元素的编号,允许与其他元素取值重复,与 id 用法类似的还有 class,全局属性这里不做过多介绍,< form >标签支持的部分非事件属性如表 2-3 所示。

表 2-3　表单属性

属　　性	值	说　　明
accept	MIME_type	在 HTML5 中不支持; 设定服务器接收到的文件的类型; 文件是通过上传提交的
accept-charset	character_set	设定服务器可处理的表单数据字符集
action	URL	设定当提交表单时向何处发送表单数据
autocomplete	on/off	设定是否启用表单的自动完成功能
method	post/get	设定用于发送表单数据的 HTTP 方法
name	text	设定表单的名称
novalidate	novalidate	如果使用该属性,则提交表单时不进行验证
target	_blank _self _parent _top	设定在何处打开跳转的 URL (类似于超链接中的 target 用法)
enctype	application/x-www-form-urlencoded multipart/form-datatext/plain	利用 post 方法提交数据时设定向服务器发送表单数据前如何对其进行编码

上述中的部分属性与 Web 后端开发紧密相关,这里暂不做过多介绍。表单中可插入的控件种类丰富,常见的有下拉列表、选项组列表、按钮和文本框等。下面具体介绍各种控件的使用方法。

1. 单行文本框

在介绍控件之前,我们需要了解一下< input >标签,该标签结合 type 属性来定义不同的控件,并且它支持的属性非常多。在本节的样例中,将介绍一些较为常用的属性,定义单行文本框的写法如下。

```
< input type = "text" name = "…"size = "…"value = "…"maxlength = "…">
```

用法中,列举的 size 属性以字符为单位定义文本框的长度,value 属性用以定义文本框的默认值,maxlength 属性可设置文本框中最多可以输入的字符数。

【例 2-6】　单行文本框 code 2-6。

```
<! DOCTYPE html >
< html >
< head >
    < meta http-equiv = "content-type" content = "text/html; charset = UTF-8">
    < title >单行文本框</title>
</head >
```

```
< body >
< form >
< table >
    < tr >

        < td width = "80">用户名:</td>
        < td >< input type = "text" id = "user" value = "输入用户名..." size = "20"></td>
    </tr>

    < tr >
        < td width = "80">密码:</td>
        < td >< input type = "password" id = "psd" size = "20"></td>
    </tr>
</table>
</form>
</body>
</html>
```

例 2-6 的预览效果如图 2-7 所示。

图 2-7　单行文本框演示效果

从上图可以看到文本框带有默认值,密码框中输入的文本自动变成了 * 号,原因是在 type 属性中设置了 password 值。

2. 多行文本框

利用多行文本框可以输入较多的文本信息,类似的如贴吧的编辑框、留言板等。用法如下。

```
< textarea name = "…" cols = "…" rows = "…" wrap = "…"></textarea >
```

文本区域可容纳无限数量的文本,其中文本的默认字体是等宽字体,可以通过 cols 和 rows 属性来调整文本区域的尺寸大小。在系统地学习 CSS 后,可用 height 和 width 属性替代。wrap 属性定义输入内容大于文本域时显示的方式。取值方式有 soft 和 hard 两种,其中 soft 在到达元素最大宽度时,换行显示,但不会自动插入换行符号,而 hard 会在这种情况下自动插入换行符号,提交表单后,主要差异在于两者数据中是否包含自动插入的换行符号。

【例 2-7】 多文本框 code 2-7。

```
<! DOCTYPE html>
<html>
<head>
    <meta http-equiv = "content-type" content = "text/html; charset = UTF-8">
    <title>多行文本框</title>
</head>
<body>
<form name = "message" method = "post" action = "#">
请编辑您的留言:
    <br>
    <textarea name = "message" cols = "30" rows = "4" wrap = "soft"></textarea>
    <br>
    <input type = "submit" value = "提交">
    <input type = "reset" value = "重置">
</form>
</body>
</html>
```

除了多行文本框外,样例中还插入了"提交"按钮和"重置"按钮,单击"提交"按钮可以将表单提交到当前表单中对应的 action 属性的 URL;单击"重置"按钮会清空当前表单中已填入的数据,演示效果如图 2-8 所示。

图 2-8　多行文本框演示效果

3. 普通按钮

创建按钮可以用两种方式,一种是利用<input>标签并将 type 属性值设置为 button,另一种是使用<button></button>标签。其主要区别在于<button>元素内部可以放置内容,如文本或图像。<button>标签的 type 属性用于设定按钮的类型,取值分为 button、reset 和 submit,分别是普通按钮、重置按钮和提交按钮。

【例 2-8】 多文本框 code 2-8。

```
<! DOCTYPE html>
<html>
```

```
< head >
    < meta http-equiv = "content-type" content = "text/html; charset = UTF-8">
    <title>简单按钮</title>
</head>
< body >
< form >
    < input type = "button" name = "btn1" value = "按钮 1">
    < button onclick = "js()">按钮 2</button>
</form>
</body>
< script >
function js(){
    alert("按钮 2 被按下");
}
</script >
</html>
```

为了演示按钮的主要作用,示例中添加了按钮的事件属性 onclick,单击按钮后会调用对应的响应函数(属性值),例中用< script ></script>标签包含了一段 js 脚本代码,代码定义了一个名为 js 的响应函数,函数体内部的代码作用是弹出一个警告框。按钮 1 中利用 value 属性添加了按钮文本,具体演示效果如图 2-9 和图 2-10 所示。

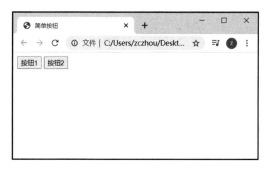

图 2-9 普通按钮演示效果

图 2-10 按钮单击效果

4. 单选按钮

单选按钮一般用于在众多的选项中选择唯一的一个,其使用方法如下。

```
< input type = "radio" name = "…" value = "…">
```

单选按钮中的 name 属性尤为重要,它是判断按钮是否属于同一组单选按钮的重要标志,所以在同一组中的单选按钮的 name 属性值一定要完全相同。value 属性用于定义按钮对应的实际值,提交表单后,服务器端可以结合按钮的 checked(是否选中)属性,根据 radio 所属的组来确定选取的按钮的值,进而处理数据。

【例 2-9】 单选按钮 code 2-9。

```
<! DOCTYPE html>
<html>
<head>
    <meta http-equiv = "content-type" content = "text/html; charset = UTF-8">
    <title>单选按钮</title>
</head>
<body>
<form>
    性别：
    <input type = "radio" name = "rd1" value = "男">男
    <input type = "radio" name = "rd1" value = "女">女
</form>
</body>
</html>
```

从例 2-9 可以看到，两个单选按钮的 name 值都为 rd1，例 2-9 的预览效果如图 2-11 所示。

图 2-11 单选按钮演示

5. 复选框

如果将单选按钮比作单选题的话，复选框则相当于多选题，它可以让浏览者在一组选项中选择多个符合条件的选项，其用法如下。

```
<input type = "checkbox" name = "…" value = "…">
```

与 radio 按钮类似，name 属性定义复选框的组名称，同一组复选框的 name 值必须完全相同，value 用以定义复选按钮的值（选项代表的含义）。

【例 2-10】 复选按钮 code 2-10。

```
<! DOCTYPE html>
<html>
<head>
    <meta http-equiv = "content-type" content = "text/html; charset = UTF-8">
    <title>复选按钮</title>
```

```
</head>
<body>
<form>
爱好:
    <input type = "checkbox" name = "cb" value = "b" checked = "true">篮球
    <input type = "checkbox" name = "cb" value = "m">音乐
    <input type = "checkbox" name = "cb" value = "t">旅行
    <input type = "checkbox" name = "cb" value = "f">美食
</form>
</body>
</html>
```

例 2-10 中的复选框选项使用了 checked 属性,当设置其值为 true 时呈现默认选中状态,预览效果如图 2-12 所示。

图 2-12　复选框演示效果

6. 下拉列表

下拉列表用于用户在点击后可以展开有限的选项,设计者可以规定选项中的内容,可以将其设置为单选,也可以设置为多选。其用法如下。

```
<select name = "…" size = "…" multiple = "…">
    <option value = "上海">上海</option>
    <option value = "北京" selected>北京</option>
    <option value = "广州">广州</option>
    <option value = "长沙">长沙</option>
</select>
```

其中,selected 在< option >中代表默认选中的选项;name 在< select >中用于定义下拉列表的名称;size 用于规定下拉列表中可见选项的数目;multiple 用于规定是否可以选择多个选项,设定的值为 true 和 false。具体如表 2-4 所示。

表 2-4　表单属性

属　性	值	描　述
disabled	disabled	当该属性为 true 时,会禁用下拉列表
multiple	multiple	当该属性为 true 时,可选择多个选项

续 表

属 性	值	描 述
name	text	定义下拉列表的名称
size	number	规定下拉列表中可见选项的数目
required	required	规定用户在提交表单前必须选择一个下拉列表中的选项

【例 2-11】 复选按钮 code 2-11。

```
<!DOCTYPE html>
<html>
<head>
    <meta http-equiv = "content-type" content = "text/html; charset = UTF-8">
    <title>下拉列表</title>
</head>
<body>
<form>
好吃的水果:
<select size = "3" name = "select" multiple = "true">
    <option value = "apple">苹  果</option>
    <option value = "banana">香  蕉</option>
    <option value = "blueberry">蓝  莓</option>
    <option value = "watermelon">西  瓜</option>
    <option value = "pear">梨  子</option>
    <option value = "pomelo">柚  子</option>
</select>
</form>
</body>
</html>
```

利用 multiple 属性可多选,但需要同时按住 Ctrl 键与鼠标左键,例 2-11 预览效果如图 2-13 所示。

图 2-13 下拉列表效果演示

7．选项组

利用< optgroup >标签可把相关的选项组合在一起。它往往需要与 label 属性结合使用，label 属性用于添加选项组的说明，具体用法如例 2-12 所示。

【例 2-12】 选项组 code 2-12。

```
<! DOCTYPE html >
< html >
< head >
    < meta http-equiv = "content-type" content = "text/html; charset = UTF-8">
    < title >选项组</title >
</head >
< body >


服装品类：
< select >
    < optgroup label = "男装">
        < option value = "mjacket">夹克</option >
        < option value = "mshirt">衬衫</option >
    </optgroup >
    < optgroup label = "女装">
        < option value = "wjacket">夹克</option >
        < option value = "wshirt">衬衫</option >
    </optgroup >
</select >


</body >
</html >
```

例 2-12 利用< optgroup >标签对服装进行了一级男女装类别的分组，演示效果如图 2-14 所示。

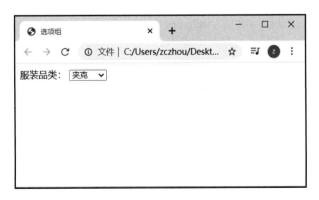

图 2-14　选项组

8．其他控件

除上述控件外，表单中还支持其他控件，如隐藏域、图像域、文件域等，这里以一个示例简单介绍其中的几个控件。

【**例 2-13**】 其他控件 code 2-13。

```
<! DOCTYPE html>
< html>
< head>
    < meta http-equiv = "content-type" content = "text/html; charset = UTF-8">
    < title>其他控件-格式验证</title>
</head>
< body>
< form>
    < input type = "email">用于 email 格式验证,< br>
    < input type = "url">用于 url 格式验证< br>
    < input type = "tel">用于电话格式验证< br>
    < input type = "submit" value = "提交">
</form>
</body>
</html>
```

例 2-13 中的三种控件用于不同情况下的格式验证,省去了编写脚本判断的工作,演示效果如图 2-15 所示。

图 2-15 格式验证

【**例 2-14**】 其他控件 code 2-14。

```
<! DOCTYPE html>
< html>
< head>
    < meta http-equiv = "content-type" content = "text/html; charset = UTF-8">
    < title>其他控件-2</title>
</head>
< body>
< form>
    < input type = "image" src = "img02.jpg" height = "100" width = "160">图像域< br>
    < input type = "file">文件域< br>
```

```
        < input type = "date">日期控件< br >
        < input type = "time">时间控件< br >
        < input type = "hidden" >隐藏域
</form >
</body >
```

在例 2 14 中分别插入了图像域(添加图片的控件)、文件域(添加文件的控件)、隐藏域、日期控件和时间控件。其中,文件域可用于文件上传,隐藏域不在浏览器中显示,所以用户无法输入,提交表单后的 value 属性用于后台数据处理,演示效果如图 2-16 所示。

图 2-16 其他控件

2.3 框 架

利用框架可以在一个浏览器窗口中显示多个页面,相当于窗口的嵌套。由于 HTML5 中已经不再支持 frameset 框架,所以本小节将介绍 iframe(内联框架)的具体用法。iframe 的语法如下。

```
< iframe src = "url"></iframe >
```

首先,我们来看一个示例,以便于理解框架。

【例 2-15】 iframe 用法 code 2-15。

```
<! DOCTYPE html >
< html >
< head >
    < meta http-equiv = "content-type" content = "text/html; charset = UTF-8">
    < title > iframe 用法 1 </title >
</head >
```

```
< body >
    < iframe src = "code2-14.html"></iframe>
</body>
</html>
```

例 2-15 预览效果如图 2-17 所示。

图 2-17　iframe 框架效果演示

从图 2-17 中可以看到,在浏览器窗口中嵌套了一个小窗口,该窗口显示的是示例 2-14 中的内容。如果要调整框架的大小可以使用 height 和 width 属性,不过更建议使用 CSS 样式调整。< iframe >在 HTML5 中支持的属性如表 2-5 所示。

表 2-5　iframe 属性及说明

属　　性	值	说　　明
width	pixels	定义框架的宽度
height	pixels	定义框架的高度
src	URL	定义框架的 URL
name	name	定义框架的名称
srcdoc	HTML 代码	规定页面中的 HTML 内容显示在 < iframe > 中;只有 Chrome 和 Safari 6 支持< iframe >标签的 srcdoc 属性

本 章 小 结

1. 表格的基本结构包括一对完整的表格标签< table ></table >和若干行,而每一行又可以分割成若干单元格,行用一对< tr ></tr >标签定义,单元格用一对< td ></td >标签定义。< table >标签内部允许嵌套< table >,单元格内部可以插入文本、图片、列表等。表格也可用于页面布局。

2. 表单在浏览器中的作用十分明显,通过一对< form ></form >定义,且通过表单中设计的控件可以采集、浏览用户的输入数据,常见的单行文本框、多行文本框、下拉列表和各类按钮等。

3. 利用框架,可以在一个浏览器窗口中显示多个页面,相当于窗口的嵌套。

练 习 题

一、单项选择题

1. 创建表格的标签为(　　)。

A. table B. tb C. form D. frame

2. 在表格中,另一个单元格横跨多行的属性是(　　)。

A. colspan B. rowspan C. height D. space

3. 在表单中,若将控件的 type 定义为(　　),则表示为提交按钮。

A. reset B. button C. submit D. sub

4. 对于多个单选按钮,若希望实现单选效果,应将同组按钮的(　　)属性定义为相同值。

A. name B. id C. class D. type

5. 定义框架的标签为(　　)。

A. hidden B. form C. body D. iframe

二、综合题

1. 设计表格时,如何让单元格横跨多行或横跨多列?

2. 使用表单中的单选按钮和多选框时,需注意哪些问题?

3. 请参照学校的官方网站布局,利用表格布局,创建一个简易的网页。

4. 编写一个注册页面,要求用到单行文本框、提交按钮、重置按钮、E-mail 格式校验、Tel 格式校验等控件。

第 3 章　CSS 概述

为了提高页面的美观性,之前的做法是利用 HTML 属性完成,但是细心的读者会发现,当页面设计的要求发生改变时,修改代码的工作量是非常大的,例如一张表格有多行多列,若执行新的样式方案,则需要修改表格属性,这里会涉及多次重复的改动,所以更推荐的做法是将结构和样式分离,本章我们将学习 CSS(层叠样式表)。

3.1　CSS 介绍

CSS 指层叠样式表(Cascading Style Sheets),可简称为 CSS 样式表或样式表。学习 CSS 后,HTML 元素的属性在非必要情况下不再使用,网页样式应利用 CSS 控制整合,形成扩展名为.css 的文件。采用外部样式表能极大地提高工作效率,主要体现在以下两方面。

- 多个页面中,有相似样式的部分可以引用自同一个样式表,而不必单独设计。
- 单个页面中,对某一类元素做样式修改,可以统一在样式表中处理,而不必单独修改。

目前,CSS 有 CSS1、CSS2 和 CSS3 三个标准。在 HTML 4.0 中,添加样式是为了解决内容与表现分离的问题。CSS1 于 1996 年 12 月 17 日成为 W3C 推荐标准,版本中提供了关于选择器、文字颜色样式、定位和伪类等部分。CSS2 是 W3C 组织于 1998 年推出的技术规范,提供了比 CSS1 更强的 XML 和 HTML 文档的格式化功能。CSS 最新版本是 CSS 2.1,为 W3C 的推荐标准。虽然 CSS3 现已被大部分浏览器支持,但是 CSS3 标准仍未全部制定完毕,而下一版的 CSS4 仍在研发中。

3.2　CSS 语法

CSS 样式表内部是由若干条样式规则组成的,每一条样式规则又由三部分组成,分别是选择器(selector)、属性(property)和属性值(value),写法如下。

```
selector{
    property1 : value;
    property2 : value;
    property3 : value
}
```

其中,selector 用来选取某一类 HTML 元素,property 是元素的某种样式属性,value 是要对应设定的属性值。选择器的种类有很多,为了便于读者理解,例 3-1 中引入比较常见的标签选择器(可选取同类标签元素,如 div 或 p 标签等)以供参考。

【例 3-1】 简单样式表应用 code 3-1。

```html
<!DOCTYPE html>
<html>
<head>
<meta http-equiv = "content-type" content = "text/html; charset = UTF-8">
<title>CSS 语法</title>
<style>
div{
    background:yellow;
    width:100%;
    height:200px;
    color:red;
    font-size:40px;
}
</style>
</head>
<body>
    <div>第一个 CSS 样式设计,文字是红色的背景是黄色的。</div>
</body>
</html>
```

例 3-1 中选取了 div 元素,并设置该类元素的背景色、宽度、高度、文字颜色和大小。演示效果如图 3-1 所示。

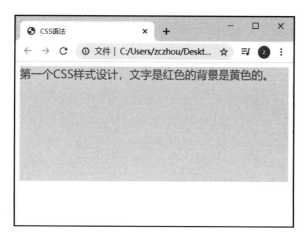

图 3-1　简单样式表效果演示

3.3　CSS 用法

在网页中,使用 CSS 样式表的方式通常分为行内样式、内部样式表、外部样式表和导入样式,例 3-1 使用的方式为内部样式表。

3.3.1　行内样式

使用行内样式需用到 HTML 中的全局属性 style,属性值应设置成以分号为间隔的多个键值对,通过行内样式可以简易地定义某个元素在网页中的样式。具体用法可参考例 3-2。

【例 3-2】　行内样式 code 3-2。

```
<! DOCTYPE html>
<html>
<head>
<meta http-equiv = "content-type" content = "text/html; charset = UTF-8">
<title>行内样式</title>
</head>
<body>
<table width = "600px" border = "1">
    <tr>
        <th>序号</th>
        <th>姓名</th>
        <th>籍贯</th>
    </tr>
    <tr style = "background:yellow;color:red">
        <td>1</td>
        <td>zhang</td>
        <td>北京</td>
    </tr>
    <tr>
        <td>2</td>
        <td>lee</td>
        <td>上海</td>
    </tr>
</table>
</body>
</html>
```

对于表格来讲,为了方便阅读(如避免错行等),一般会设置间隔行为不同的背景色的样式。在例 3-2 中,就利用行内样式设置了表格第一行的背景色和文字颜色,预览的效果如图 3-2 所示。

请思考:若表格的行数变为 10 行,且要保持奇数行的背景色和文字颜色与图 3-2 中的一致,应如何修改例 3-2 呢? 若在修改好的基础上改变了需求,要求背景色变为绿色,又应如何修改呢?

编辑出效果的读者会发现,行内样式的用法虽然简单,但是并没有实现结构与样式分离,即无法将样式独立应用于结构,不利于样式的复用。这种用法不仅编写烦琐,而且后期维护难度更高。

图 3-2 行内样式效果演示

3.3.2 内部样式表

如果用户希望编辑单个网页中元素的样式,并且要求复用性比行内样式更好的话,可以选择内部样式表,这种方法可将 CSS 代码内嵌到一对< style ></style >标签中,而通常又会将< style ></style >标签放到< head ></head >中。这种做法虽然没有真正做到样式和结构分离,但从复用性来讲,对于编辑单个文档的效果是相似的。例 3-1 较完整地演示了内部样式表的用法。

内部样式表较比行内样式,由于其可以利用选择器选择一类元素,并对这一类元素设置样式,所以代码的复用性更好,但如果是一个页面中存在多个框架,并且各个内部窗口的样式也雷同,则此时表现更好的应该是外部样式表。

3.3.3 外部样式表

目前,外部样式表是最常用的。当样式需要应用于多个页面中时,外部样式表是非常好的选择,因为它完全独立于网页结构。利用外部样式表的做法,可以将网页中想要设置的元素样式分解成一个或多个 CSS 文件,需要时,使用< link ></link >标签将网页链接到样式表即可,用法如下。

```
< head >
< link rel = "stylesheet" type = "text/css" href = "code3-3.css">
</head >
```

link 元素用于定义两个链接文档之间的关系,通常将其放置到< head >内部,其中 rel 属性用于设置或返回当前文档与目标 URL 之间的关系,属性值设置成 stylesheet,代表文档的外部样式表;type 属性用于设置目标 URL 的 MIME 类型,这里设定值为 text/css,代表 CSS 样式表;href 属性用于指定显示文档的 URL。需要注意的是,如果链接网络中的 CSS 文件,一定要在保证网络畅通且资源存在的情况下浏览,否则网页样式会链接失败。

【例 3-3】 外部样式表 code 3-3。

```
<! DOCTYPE html >
< html >
< head >
< meta http-equiv = "content-type" content = "text/html; charset = UTF-8">
< title >外部样式表</title>
```

```
< link rel = "stylesheet" type = "text/css" href = "css1.css" id = "link">
</head>
< body >
<h1>点击我修改页面背景色</h1>
< button id = "btn" onclick = "fun()">切换背景</button>

< script >
var olink = document.getElementById("link");

var check = 1;

function fun(){
    if(check == 1){
        olink.href = "css2.css";
        check = 0;
    }
    else{
        olink.href = "css1.css";
        check = 1;
    }
}
</script>
</body>
</html>
```

为了配合例 3-3,我们需要创建两个外部 CSS 文件以供链接,分别将其命名为 css1.css 和 css2.css,这两个 CSS 文件的作用是修改网页背景色,其中 css1.css 文件代码如下。

```
body{
    background-color:red;
    color:white; }
```

例 3-3 中加入了 JavaScript 代码,其作用是单击按钮后,调用函数来切换 link 标签中的 href 属性值,从而实现切换网页风格的效果,如图 3-3 和图 3-4 所示。

图 3-3 外部样式表效果演示(1)

图 3-4 外部样式表效果演示(2)

3.3.4 导入样式

导入样式的方式和使用外部样式表的方式相似,不同的是语法上需要利用@import 导入 CSS 样式表,具体用法如下。

```
< style type = "text/css">
@import url(style.css);
</style>
```

由于页面被加载时,link 标记和 HTML 会被同时加载;而利用@import 引入的 CSS 需要在页面加载完毕后加载,因此可能存在样式的延迟,所以实际上不建议使用@import 的样式导入方法。

最后,我们排列一下前三个样式用法的优先级,以便在调试程序时对问题有更清晰的认识。一般情况下,当一个页面中同时应用行内样式、内部样式和外部样式时,它们的优先顺序依次为行内样式、内部样式和外部样式,但也要注意样式的覆盖问题,这里我们引入一个例子进行讲解。这一个例子可以通过开发者模式调整样式的取舍。

【例 3-4】 样式优先级与覆盖 code 3-4。

```
<! DOCTYPE html>
< html >
< head >
< meta http-equiv = "content-type" content = "text/html; charset = UTF-8">
< title >CSS 优先级</title>
< link rel = "stylesheet" type = "text/css" href = "css3-4.css">
< style >
        p{color:blue;}
</style>
</head>
< body >
< p style = "color:red">测试样式优先级</p>
</body>
</html>
```

例 3-4 中采用了前三种 CSS 用法,我们按 F12 键来检查段落元素的 CSS 样式,如图 3-5 所示。

从图 3-5 中可以看到,由于行内样式设定的优先级最高,所以对同一个元素使用了三种 CSS 用法后,最终文本可呈现红色。当取消行内样式时,可以看到内部样式表生效。

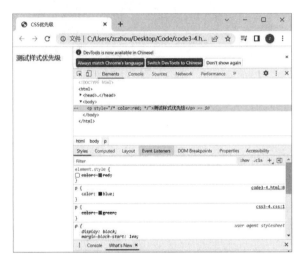

图 3-5　样式优先级效果演示

3.4　CSS 选择器

本节,我们将正式学习 CSS 选择器。在以往实例中可以发现,学习 CSS 的两大部分主要是 HTML 元素所对应的样式键值对集合以及如何选定这些 HTML 元素,而在实际应用中较少仅使用标签选择器来选择元素,为了区分元素,我们还会使用类选择器、ID 选择器和伪类选择器等。

3.4.1　标签选择器

HTML 包含很多种标记标签,我们可以将它们作为 CSS 选择符号,这种方式其实就是在使用 CSS 标签选择器,如网页中的< div >标记,如果将 div 作为 CSS 选择符号,则会锁定网页中所有的 div 元素,具体用法如下。

```
div{
    property:value;
    …    //根据设计需要,可以添加其他的键值对
}
```

我们可以在括号内设置多组键值对以满足设计需求,需要注意的是,这种用法很难区分同类 HTML 元素。在例 3-3 中,我们已经使用过标签选择器,这里不再作过多介绍。

3.4.2　类选择器

若希望对同一类 HTML 元素的不同个体设置不同的样式,此时可以选择类选择器。与

标签选择器不同的是,我们需要提前将待设置样式的 HTML 元素添加 class 属性,并在 CSS 中的选择符之前添加实心圆点,具体用法如下。

```
.classname{
    property:value;
    …   //根据设计需要,可以添加其他的键值对
}
```

类选择器的用法比较灵活,除上述用法外,还可以指定 HTML 元素使用类选择器,具体用法如下。

```
p.first{
    color:red;
}
```

这里指定了 p 标签中 class 名为 first 的元素样式。值得注意的是,类的属性值不能以数字开头。

【例 3-5】 类选择器 code 3-5。

```
<!DOCTYPE html>
<html>
<head>
<meta http-equiv = "content-type" content = "text/html; charset = UTF-8">
<title>类选择器</title>
<style>
p.first
{
    text-align:center;
}
</style>
</head>

<body>
<p class = "first">段落文字居中</p>
<h1 class = "first">标题无格式变化</h1>
<p>段落无格式变化</p>
</body>
</html>
```

例 3-5 中设置了三个 HTML 元素,在内部样式表中指定 p 元素中 class 为 first 的样式为文字居中,如图 3-6 所示。

3.4.3　ID 选择器

与类选择器类似,ID 选择器在使用前需要为 HTML 元素设置 ID 属性,但不同 HTML 元

图 3-6 类选择器效果演示

素的 ID 值不应重复。通常,使用 ID 选择器的目的是为某个元素设置单独的样式,并且 ID 在 JavaScript 和后端数据处理中也有很重要的作用,所以 ID 值与元素应保持——对应的关系。具体用法如下。

```
#idValue{
    property:value;
…    //根据设计需要,可以添加其他的键值对
}
```

【例 3-6】 ID 选择器 code 3-6。

```
<! DOCTYPE html >
< html >
< head >
< meta http-equiv = "content-type" content = "text/html; charset = UTF-8">
< title > id 选择器</title >
< style >
.first{
    text-decoration:underline;
}
.second{
    text-align:center;
}
#test{
    text-align:right;
}
</style >
</head >

< body >
< p class = "first second">多个 class 属性值</p>
< p id = "test">唯一的 id 属性值</p>
</body >
</html >
```

在例 3-6 中,我们为第一个 p 元素中的 class 属性设置了两个属性值 first 和 second,中间用空格隔开是为了更好的样式分离与复用,而 id 属性值是不能重复的,预览效果如图 3-7 所示。

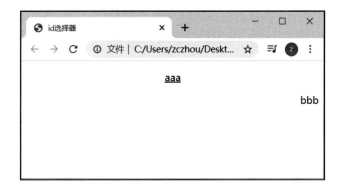

图 3-7　id 选择器预览效果

从图中可以看出,设置的两个类选择器都在第一个 p 元素上产生了效果。

3.4.4　伪类选择器

伪类需结合选择器使用,当我们利用选择器指定了某个元素时,可以利用伪类向其添加一些特殊的效果,用途较多的是设置元素在不同状态下的样式和定位复杂结构中的元素。

1. 超链接伪类

以超级链接为例,其状态可以分为四种,分别为未访问状态、访问后状态、鼠标悬停状态和鼠标点击访问状态。我们可以利用伪类为这四种状态设置不同的样式,以便更好地区分标签状态。而如何利用伪类设定超级链接的状态是我们要明确的问题,具体如表 3-1 所示。

表 3-1　超级链接伪类

选择器	用　例	描　述
selector:link	a:link	选择所有未访问链接
selector:visited	a:visited	选择所有访问过的链接
selector:active	a:active	选择正在活动链接
selector:hover	a:hover	把鼠标放在链接上的状态

【例 3-7】 超级链接伪类 code 3-7。

```html
<!DOCTYPE html>
<html>
<head>
<meta http-equiv = "content-type" content = "text/html; charset = UTF-8">
<title>超级链接伪类</title>
<style>
ul{　list-style-type:none;　　}
li a{ text-decoration:none;　　}
a:link{　color:rgb(0,0,255);　　　　}
```

```
a:visited {      color:rgb(255,0,0);        }
a:hover { color:#FF9966;            }
a:active { color:rgb(255,0,255);  }
</style>
</head>
<body>
<div>
<ul>
<li><a href="#">首     页</a></li>
<li><a href="#">所有商品</a></li>
<li><a href="#">联系我们</a></li>
</ul>
</div>
</body>
</html>
```

例 3-7 中创建了一个简易导航。在 HTML 中,我们学习了使用<ul>标签定义无序列表,使用<li>标签定义列表项。为了让导航看起来和无序列表有一些差别,我们调整 list-style-type 属性的值为 none,去除列表符号,并设置 text-decoration 为 none,去掉超级链接默认带有的下画线样式。使用超链接伪类时,需注意状态是有序的,hover 状态须定义在 link 和 visited 后,active 须定义在 hover 后,否则无效。例 3-7 演示效果如图 3-8 所示。

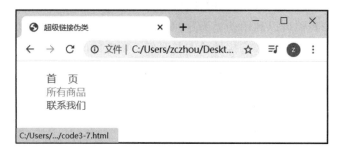

图 3-8　超级链接伪类演示效果

接下来介绍伪元素,它也是用来添加一些选择器的特殊效果的,如表 3-2 所示。

表 3-2　伪元素选择器

选择器	用　例	描　述
selector::before	p::before	在指定的元素前添加内容
selector::after	p::after	在指定的元素后添加内容
selector::first-letter	p::first-letter	向文本的第一个字符添加样式
selector::first-line	p::first-line	向文本的首行添加样式

2. 结构伪类选择器

结构伪类选择器是用于定位复杂结构元素的选择器,它可以通过文档结构的相互位置关系匹配对应的元素,比如<ul>标签内部会有一组或几组<li>标签,以<ul>标签为例,我们可以通过结构伪类选择器定位其内部的第一个<li>子元素,这种方式不完全依赖 id 和 class,可以降低后期维护成本。

结构伪类选择器的种类及用法如表 3-3 所示。

表 3-3　结构伪类选择器

选择器用法	描　　述
element:first-letter	选择每个 element 元素的第一个字母
element:first-line	选择每个 element 元素的第一行
element:first-child	匹配第一个子元素为 element 的任意元素
element:before	在每个 element 元素之前插入内容
element:after	在每个 element 元素之后插入内容
element:last-child	选择所有结构中 element 元素作为最后的子元素的 element 元素
element:last-of-type	选择父元素的子元素中的最后一个 element 元素
element:not(element)	选择所有 element 以外的元素
element:nth-child(n)	选择所有 element 元素的父元素的第二个子元素
element:nth-last-child(n)	选择所有 element 元素倒数的第二个子元素
element:nth-last-of-type(n)	选择所有 element 元素倒数的第二个为 element 的子元素
element:nth-of-type(n)	选择所有 element 元素第二个为 element 的子元素
element:only-of-type	选择所有仅有一个子元素为 element 的元素
element:only-child	选择所有仅有一个子元素的 element 元素

表中部分用法容易出现混淆,为了便于理解,接下来以一组选择器作为样例进行分析。

【例 3-8】　结构伪类选择器(last-child)code 3-8。

```
<! DOCTYPE html>
<html>
<head>
<meta http-equiv = "content-type" content = "text/html; charset = UTF-8">
<title>结构伪类选择器</title>
<style>
p:last-child{
    background:green;
}
</style>
</head>

<body>
<p>第一个段落</p>
<p>第二个段落</p>
<p>最后的段落</p>
</body>
</html>
```

例 3-8 的演示效果如图 3-9 所示。

图 3-9　结构伪类选择器示例演示(1)

当我们将结构稍做调整,在最后一组< p >标签后面添加一组< li >标签后,预览效果如图 3-10 所示。

图 3-10　结构伪类选择器示例演示(2)

其原因在于,例中的 p:last-child 会匹配父元素的子元素中的最后一个元素且必须为 p 元素,由于改动后最后的子元素是< li >,所以没有匹配对象。而 last-of-type 与 last-child 在匹配用法上稍有不同。

【例 3-9】　结构伪类选择器(last-of-type)code 3-9。

```
<!DOCTYPE html>
<html>
<head>
<meta http-equiv = "content-type" content = "text/html; charset = UTF-8">
<title>结构伪类选择器</title>
<style>
p:last-of-type{
    background:#888888;
    color:white;
}
</style>
```

```
</head>

<body>
<p>第一个段落</p>
<p>第二个段落</p>
<p>最后的段落</p>
<li>添加了一组 li 标签</li>
</body>
</html>
```

例 3-9 的演示效果如图 3-11 所示。

图 3-11　结构伪类选择器示例演示(3)

由上图可以看到,最后一个<p>标签成功匹配上了样式效果,原因在于 p:last-of-type 会匹配父元素的子元素中的最后一个 p 元素。在结构伪类选择器中,类似于例 3-8 和例 3-9 中的情况还有很多,使用前一定要注意网页结构,从而选取适合的伪类选择器。

3.4.5　属性选择器

前述内容中所使用的选择器主要依赖元素定义的 id 和 class,而创建的元素属性往往不仅仅局限于这两种,属性选择器就是一种可以使用 HTML 元素属性进行定位的选择器,它在 CSS2 版本引入并规范了四种用法,目前在 CSS3 中又新增了三种用法,具体如表 3-4 所示。

表 3-4　属性选择器规范

选择器	描　　述
［属性］	用于选取带有指定属性的元素
［属性＝属性值］	用于选取带有指定属性和值的元素
［属性～＝指定词汇］	用于选取属性值中包含指定词汇的元素
［属性|＝指定值］	用于选取带有以指定值开头的属性值的元素,该值必须是整个单词
［属性˄＝指定值］	匹配属性值以指定值开头的每个元素
［属性 $ ＝指定值］	匹配属性值以指定值结尾的每个元素
［属性 * ＝指定值］	匹配属性值中包含指定值的每个元素

表中前四项为 CSS2 规范的四种属性选择器用法,后三项为目前 CSS3 规范的三种用法。

【**例 3-10**】 属性选择器 code 3-10。

```html
<! DOCTYPE html >
< html >
< head >
< meta http-equiv = "content-type" content = "text/html; charset = UTF-8">
< title >属性选择器</title>

< style >
a{
    text-decoration:none;
}
a[name]
{
    background-color:orange;
}
a[target = _blank]
{
    background-color:yellow;
}
a[id * = "bai"]
{
    text-decoration-line: underline;
}
a:visited{
    color:black;
}
</style>
</head>

< body >
< ul >
< li >< a href = "https://www.sina.com.cn/" name = "sina">新浪.com</a></li>< hr >
< li >< a href = "https://www.sohu.com/" target = "_blank">搜狐.com</a></li>< hr >
< li >< a href = "http://www.baidu.com" id = "bai_du">百度.com</a></li>< hr >
</ul>
</body>
</html>
```

 例 3-10 利用属性选择器分别设置了带有属性 name 的元素样式、属性 target 的值等于
_blank 的元素样式和属性 id 的值中包含"bai"字符串的元素样式,具体演示效果如图 3-12
所示。

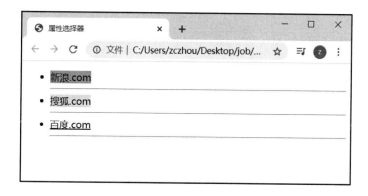

图 3-12 属性选择器示例演示

3.4.6 选择器的组合

随着网页中设计的元素数量的增多,仅利用前面的选择器完成定位意味着要梳理大量的id、class 或其他属性的属性值,而网页文档本身的结构像一棵树一样,元素节点间的关系无非并列或嵌套,如果能够利用网页元素的相对关系来辅助定位,这样就可以大大降低选择元素的难度和减少工作量。而 CSS 中的组合选择器包括各种简单选择符的组合方式,CSS3 中提供了四种组合方式,如表 3-5 所示。

表 3-5 组合选择器

选择器	示例	示例描述
selector selector	div p	选择<div>元素内的所有<p>元素
selector > selector	♯red > p	选择其父元素 id 是 red 元素的所有<p>元素
selector+selector	div + p	选择所有紧随<div>元素之后的<p>元素
selector~selector	p ~ ul	选择前面有<p>元素的每个<ul>元素

【例 3-11】 组合选择器 code 3-11。

```
<! DOCTYPE html>
< html >
< head >
< meta http-equiv = "content-type" content = "text/html; charset = UTF-8">
<title>组合选择器</title>
< style >
div p{
    background-color:yellow;
}
section > p{
    text-decoration:underline;
}
section~p{
    font-style:italic;
}
```

```
div + p{
    text-decoration:underline;
}
</style>
</head>
<body>
    <p>后代选择器匹配作为指定元素后代的所有元素。</p>
    <p>子元素选择器(>)选择属于指定元素子元素的所有元素。</p>
    <p>后续兄弟选择器(~)选择指定元素的所有同级元素。</p>
    <p>相邻兄弟选择器(+)选择所有作为指定元素的相邻的同级元素。</p>

    <div>
    <p>div 中的段落 1。</p>
    <section><p>div 中的 section 中的段落 2。</p></section><!-- 非子但属后代 -->
    <p>div 中的段落 3。</p>
    <p>div 中的段落 4。</p>
    </div>

    <p>段落 5。不在 div 中。</p>
    <p>段落 6。不在 div 中。</p>

</body>
</html>
```

例 3-11 的演示效果如图 3-13 所示。

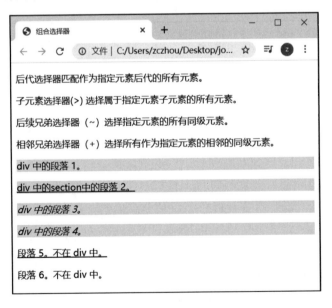

图 3-13　组合选择器示例演示

3.4.7　选择器的分组与继承

当多个选择器作用的元素样式相同时,为了减少代码量,我们可以使用分组选择器,其用法十分简单,只需要将多个选择器合并的同时用逗号相隔,用法如下。

```
h1{      color:red;      }
h2{      color:red;      }
h3{      color:red;      }
p{       color:red;      }
利用分组选择器
h1,h2,h3,p{  color:red;      }
```

【例 3-12】　分组选择器 code 3-12。

```
<! DOCTYPE html >
< html >
< head >
< meta http-equiv = "content-type" content = "text/html; charset = UTF-8">
< title >分组选择器</title >
< style >
h1.h,h2,p{
     color:orange;
}
</style >
</head >
< body >
    <h1 >这是 h1 标题</h1 >
    < h1 class = "h">这是带 class 属性的 h1 标题</h1 >
    < h2 >这是 h2 标题</h2 >
    <p >这是段落标记</p >
</body >
</html >
```

例 3-12 的演示效果如图 3-14 所示。

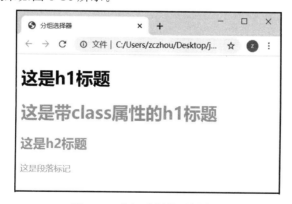

图 3-14　分组选择器示例演示

本 章 小 结

1. CSS 指层叠样式表(Cascading Style Sheets),可简称为 CSS 样式表或样式表。

2. CSS 样式表内部是由若干条样式规则组成的,每一条样式规则又由三部分组成,分别是选择器(selector)、属性(property)和属性值(value)。

3. CSS 的用法主要包括行内样式、内部样式表、外部样式表和导入样式。根据实际情况,前三种更推荐使用。

4. CSS 常用的选择器包括标签选择器、类选择器、ID 选择器和伪类选择器。根据实际情况,会对上述选择器进行组合或嵌套以选定元素。

练 习 题

一、单项选择题

1. 若使用内部样式表定义 CSS,则需使用(　　　)标记。

A. script　　　　　　B. style　　　　　　C. meta　　　　　　D. css

2. 在网页结构中,元素的(　　　)属性值往往是唯一的,即与其他元素互不重复。

A. name　　　　　　B. class　　　　　　C. id　　　　　　D. type

3. ID 选择器的写法是在待选择元素的 ID 值的前面加上(　　　)符号。

A. #　　　　　　　　B. @　　　　　　　　C. !　　　　　　　　D. &

4. 使用 div p 的选择器写法,代表选择 div 标签(　　　)的 p 标记元素。

A. 相邻之后的　　　B. 外层的　　　　　C. 内层的　　　　　D. 相邻之前的

二、综合题

1. 使用 CSS 的方法有哪些? 简要说明它们之间优先级。

2. 常用的 CSS 选择器有哪些? 用法上有哪些区别?

3. 请列举出三种伪类选择器的用法。

第4章 CSS 属性与应用

在介绍了 CSS 不同选择器的用法之后,本章将进一步根据 HTML 相关章节中不同元素的介绍顺序来演示 CSS 和 CSS3 的用法。另外,由于 CSS3 是最新的 CSS 标准,不同类型、不同版本的浏览器可能会产生兼容性问题,但目前大部分浏览器已能够较好地支持 CSS3 特性,且浏览器可以向下兼容,所以不必过度担心。在后续小节中,若存在一定程度的兼容性问题,会做更详细的说明。

4.1 文本与背景样式

通过选择器定位了元素后,可以使用一些 CSS 属性修改元素的样式,对文本结构常做的处理包括修改字体、颜色或大小等。另外,为了使网页的呈现更生动,我们可以对一些容器标签添加背景或调整列表项的样式等。

4.1.1 文本效果

利用 font 相关属性可以修改文字样式,可以直接使用它修改字体、字号或其他格式效果,CSS 字体相关属性如表 4-1 所示。

表 4-1 文字格式样式

属　性	说　明	取值样例
font-family	指定文本的字体系列	Times New Roman(新罗马)
font-size	指定文本的字体大小	large、larger、10px、10%
font-style	指定文本的字体样式	italic(斜体)
font-variant	以小型大写字体或者正常字体显示文本	small-caps(小型大写字母)
font-weight	指定字体的粗细	bold(加粗效果)

【例 4-1】 font 修改文字格式 code 4-1。

```
<! DOCTYPE html >
< html >
    < head >
        < meta charset = "utf-8">
        < title ></title>
    < style type = "text/css">
        ♯p1{
            font-family: "times new roman",times,serif;
```

```
                    font-size: 30px;
                    font-variant: small-caps;
            }
        #p2{
                    font-family: 宋体;
                    font-size: 20px;
                    font-weight: bold;
                    font-style: italic;
            }
    </style>
    </head>
    < body>
            <p id = "p1">font-family font-family font-family 属性应包含多个字体名称作为备选,用以
确保浏览器和操作系统之间的最大兼容性。</p>
            < p id = "p2">本段落应用宋体字体,加粗,斜体,20px 效果。</p>
    </body>
</html>
```

例 4-1 通过浏览器的运行效果如图 4-1 所示。

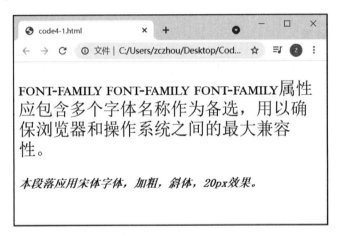

图 4-1 文字样式效果演示

通常,设置文字格式后,还需要设置一些文本段落格式,包括对齐方式、文本方向、段落缩进等,CSS 的其他文本属性如表 4-2 所示。

表 4-2 文本属性

属 性	说 明	取值样例
color	设置文本颜色	white(白色文字效果)
letter-spacing	设置字符间距	3px
line-height	设置行高	3px
text-align	对齐元素中的文本	center(文本居中效果)
vertical-align	文本垂直对齐方式	middle(文本垂直居中)

续 表

属 性	说 明	取值样例
text-decoration	向文本添加修饰	underline(下划线)
text-indent	缩进元素中文本的首行	30px(首行缩进 30px)
text-shadow	设置文本阴影	2px 1px gray(水平和垂直阴影位置分别是 2px 和 1px,灰色阴影)

1. 设置文本颜色

页面颜色主要由红色、绿色和蓝色光线显示结合,利用 color 属性可以设置文本颜色,其取值方式有三种,第一种是比较常见的取值方式——直接使用颜色名称,如表 4-2 中第一行取值样例中应用的 white(白色)效果;第二种是使用 RGB(255,255,255)来设置白色效果,括号中的三个值范围为 0~255,分别代表红、绿和蓝的色度;第三种是由♯号开头 6 位十六进制表示(如白色为♯FFFFFF),不难看出,十六进制的 FF 转换到十进制的值即为 255,目前大多数显示器能够显示至少 16 384 种颜色。

【例 4-2】 文本格式应用 code 4-2。

```
<! DOCTYPE html>
< html>
    < head>
        < meta charset = "utf-8">
        < title></title>
    </head>
    < body>
        < p style = "background-color:♯FF9900">
        16 进制设置的颜色
        </p>
        < p style = "background-color:rgb(255, 153, 0)">
        RGB 设置的颜色
        </p>
        < p style = "background-color:orange">
        颜色名称设置的颜色
        </p>
    </body>
</html>
```

例 4-2 采用了三种方式设置了文本颜色,演示效果如图 4-2 所示。

2. 设置文本对齐方式

文本对齐分为水平对齐和垂直对齐两种,其中水平对齐常用以下四种取值方式。

- left:左对齐。默认值:由浏览器决定。
- right:右对齐。
- center:居中对齐。
- justify:文本两端对齐。

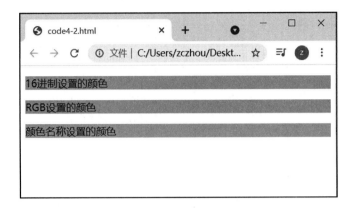

图 4-2　设置文本颜色

垂直对齐常用以下三种取值方式。

- top：文本上对齐。
- middle：文本垂直居中对齐。
- bottom：文本底部对齐。

【例 4-3】　文本对齐 code 4-3。

```
<! DOCTYPE html>
<html>
    <head>
        <title></title>
    </head>
    <body>
        <table border = "1" width = "300px" height = "100px">
            <tr>
                <td style = "text-align: left;vertical-align: top;">Data</td>
                <td style = "text-align: center;vertical-align: middle;">Data</td>
                <td style = "text-align: right;vertical-align: bottom;">Data</td>
            </tr>
        </table>
    </body>
</html>
```

例 4-3 的演示效果如图 4-3 所示。

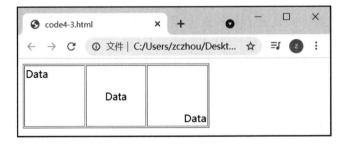

图 4-3　设置文本对齐方式

3. 设置文本装饰

通过 text-decoration 属性设置文本装饰效果,其取值情况如下。

- none:默认。定义标准的文本。
- underline:定义文本下的一条线。
- overline:定义文本上的一条线。
- line-through:定义穿过文本下的一条线。
- blink:定义闪烁的文本。
- inherit:规定应该从父元素继承 text-decoration 属性的值。

【例 4-4】　文本装饰效果 code 4-4。

```html
<!DOCTYPE html>
<html>
    <head>
        <meta charset = "utf-8">
        <title></title>
        <style type = "text/css">
            p.under {
                text-decoration: underline;
            }
            p.over {
                text-decoration: overline;
            }
            p.line {
                text-decoration: line-through;
            }
        </style>
    </head>
    <body>
        <p class = "under">下划线</p>
        <p class = "line">删除线</p>
        <p class = "over">上划线</p>
    </body>
</html>
```

例 4-4 的演示效果如图 4-4 所示。

图 4-4　设置文本装饰效果

4. 设置文本间距

text-indent 属性用于指定文本第一行的缩进,取值可用百分比或具体值;letter-spacing 属性用于指定文本中字符之间的间距,值得注意的是,该属性可取负值;word-spacing 属性用于指定文本中单词之间的间距;line-height 属性用于指定行之间的间距,类似于 Word 中的行间距效果。

【例 4-5】 文本间距 code 4-5。

```html
<! DOCTYPE html>
<html>
    <head>
        <meta charset = "utf-8">
        <title></title>
        <style type = "text/css">
            .test{
                color: red;
                text-indent: 50px;
            }
            h2.test{
                letter-spacing: 3px;
            }
            p.test{
                color: blue;
                line-height: 3;
                word-spacing: 10px;
            }
        </style>
    </head>
    <body>
        <h2 class = "test">This is a test paragraph,This is a test paragraph,This is a test
paragraph</p>
        <br>
        <p class = "test">This is a test paragraph,This is a test paragraph,This is a test
paragraph</p>
    </body>
</html>
```

例 4-5 的演示效果如图 4-5 所示。

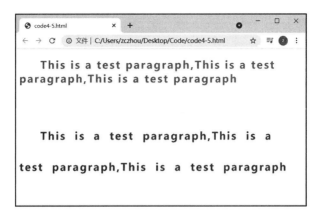

图 4-5　设置文本装饰效果

5. 设置文本阴影

利用 text-shadow 属性设置文本阴影效果,其参数取值如下。

- h-shadow:必需。水平阴影的位置。允许负值。
- v-shadow:必需。垂直阴影的位置。允许负值。
- blur:可选。模糊的距离。
- color:可选。阴影的颜色。

其中,"可选"的含义是设置值时可忽略,所以最简单的阴影效果是仅设置水平和垂直两个值。需要注意的是,须按照参数顺序设置属性值。

【例 4-6】　文本阴影 code 4-6。

```
<! DOCTYPE html>
<html>
    <head>
        <meta charset = "utf-8">
        <title></title>
        <style type = "text/css">
            h1 {
                    text-shadow:2px 2px 8px #FF0000;
            }
        </style>
    </head>
    <body>
        <h1>模糊效果的文本阴影! </h1>
    </body>
</html>
```

例 4-6 的演示效果如图 4-6 所示。

图 4-6　设置文本阴影效果

4.1.2　背景效果

对于 HTML 元素,可以使用图片或颜色来设置背景,CSS 的背景属性如表 4-3 所示。

表 4-3　背景属性

属　性	说　明
background-attachment	背景图像是否固定或者随着页面的其余部分滚动
background-color	设置元素的背景颜色
background-image	把图像设置为背景
background-position	设置背景图像的起始位置
background-repeat	设置背景图像是否及如何重复

【例 4-7】　背景颜色 code 4-7。

```
<! DOCTYPE html >
< html >
    < head >
        < meta charset = "utf-8">
        < title ></title >
        < style type = "text/css">
            div{
                background-color: orangered;
                height: 100px;
            }
            #div1{
                opacity: 0.8;
            }
            #div2{
                opacity: 0.4;
            }
        </style >
    </head >
    < body >
        < div id = "div1"></div >
        < div id = "div2"></div >
    </body >
</html >
```

在例 4-7 中,除了对 div 设置了背景颜色外,还引入了另一个 opacity 属性,该属性可用于调整背景的透明度,即不仅是背景颜色,若将图片作为背景仍然有效。需要说明的是,opacity属性的取值可以从 0.0(完全透明)到 1.0(完全不透明)。预览效果如图 4-7 所示。

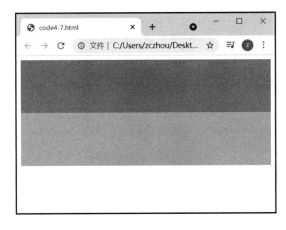

图 4-7　设置背景颜色

background-image 属性用作指定元素背景的图像。需要注意的是,背景图片的色度要与元素内文字色度形成反差,这样有助于阅读。

【例 4-8】　背景图片 code 4-8。

```
<!DOCTYPE html>
<html>
    <head>
        <meta charset = "utf-8">
        <title></title>
        <style type = "text/css">
            body{
                background-image: url("C4-1.jpg");
            }
        </style>
    </head>
    <body>


    </body>
</html>
```

例 4-8 演示效果如图 4-8 所示。

设置图片背景时,图片的横纵比往往不一定和 HTML 元素的大小相适应,会呈现为图片水平或垂直的平铺,如果要禁止平铺效果可以使用 background-repeat 属性,其取值情况如下。

- repeat-x:水平位置会重复背景图像,垂直方向不重复。
- repeat-y:垂直位置会重复背景图像,水平方向不重复。
- no-repeat:任何方向都不重复背景图像。
- inherit:指定 background-repea 属性设置应该从父元素继承。

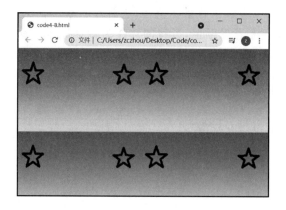

图 4-8　设置背景图片

对例 4-8 进行修改后的效果如图 4-9 所示。

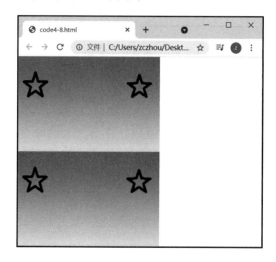

图 4-9　设置背景图片不重复

```
body{
    background-image: url("C4-1.jpg");
    background-repeat: repeat-y;          }
```

background-attachment 属性可以设置背景图像固定或随着页面滚动,其常用取值情况分为以下三种。

- scroll:背景图片随着页面的滚动而滚动,默认效果。
- fixed:背景图片不会随着页面的滚动而滚动。
- local:背景图片会随着元素内容的滚动而滚动。

【例 4-9】　背景固定效果 code 4-9。

```
<! DOCTYPE html >
< html >
    < head >
```

```
        < meta charset = "utf-8">
        < title > </title >
        < style type = "text/css">
            body{
                background-image: url("C4-1.jpg");
                background-repeat: no-repeat;
                height: 1500px;
                background-attachment: fixed;
            }
        </style>
    </head >
    < body >

    </body>
</html >
```

　　为了能够显示 fixed 属性效果,在例 4-8 的基础上加入了不重复背景图片的设定,并修改了 body 的高度,最终显示效果如图 4-10 和图 4-11 所示,注意右侧滚动条的变化。

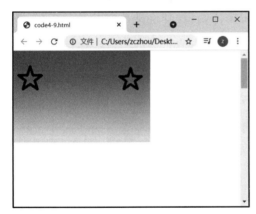

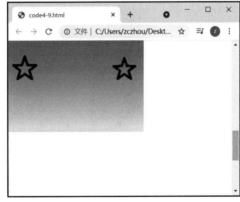

图 4-10　设置背景图片固定(1)　　　　图 4-11　设置背景图片固定(2)

　　在 CSS3 中,新增了三种属性,具体如表 4-4 所示。

表 4-4　CSS3 背景属性

属性名	描述	取值样例	取值说明
background-clip	定义背景的绘制区域	content-box	背景绘制在内容方框内
background-origin	定义背景图像的放置位置	content-box	背景图像的相对位置的内容框
background-size	定义背景图像的大小	60px 60px	第一个值设置宽度,第二个值设置的高度。若只给一个值,第二个值默认设置为 auto(自动)

【例 4-10】 修改背景图片大小 code 4-10。

```
<! DOCTYPE html >
< html >
    < head >
        < meta charset = "utf-8">
        < title ></title >
        < style type = "text/css">
            body{
                background-image: url("C4-1.jpg");
                background-size:100 % ;
            }
        </style >
    </head >
    < body >

    </body >
</html >
```

例 4-10 设置了背景图片宽度 100% 占据元素、高度自适应的效果,相当于将图片按照 body 元素的宽做了拉伸,此时如果图片本身分辨率不高,拉伸会造成图片显示模糊,效果如图 4-12 所示。

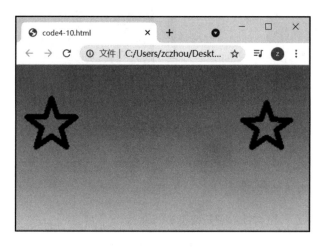

图 4-12　设置背景图片大小

background-clip 属性和 background-origin 属性需要在了解盒子模型后使用,且用法并不复杂,可在学习过盒子模型后自行测试,本节不再赘述。

4.1.3　列表样式

HTML 中将列表分为无序和有序两类,所谓无序即列表项标记会使用特殊图形,如方块或圆圈等;有序则使用数字或字母。通过修改列表样式,可以指定列表项的标记类型,具体的 CSS 列表属性如表 4-5 所示。

表 4-5　列表属性

属性名	描述	取值样例	取值说明
list-style-image	将图像设置为列表项标志	url(test.jpg)	使用 test.jpg 作为列表标记
list-style-position	设置列表中列表项标志的位置	inside	列表项目标记放置在文本以内,且环绕文本根据标记对齐
list-style-type	设置列表项标志的类型	none	无任何列表标记

【例 4-11】　简易导航栏 code 4-11。

```html
<!DOCTYPE html>
<html>
    <head>
        <meta charset = "utf-8">
        <title></title>
        <style type = "text/css">
            ul{
                list-style: none;
                width: auto;
            }
            li{
                width: 100px;
                float: left;
                border: 1px solid black;
                background-color: gray;
                text-align: center;
                padding: 5px;
            }
            ul li:hover{
                background-color: red;
                color:black;
            }
            a{
                text-decoration: none;
                color:white;
            }
        </style>
    </head>

    <body>
        <ul>
            <li><a href = "#">Page1</a></li>
            <li><a href = "#">Page2</a></li>
            <li><a href = "#">Page3</a></li>
```

```
            <li><a href="#">Page4</a></li>
            <li><a href="#">Page5</a></li>
        </ul>
    </body>
</html>
```

例 4-11 使用了 float 和 padding 两个属性,其中 float 的作用是将块级元素独占一行的效果去除,使其位置重新排列;padding 可以修改 HTML 元素内部填充大小,使得当前元素变得"膨胀",具体内容见 4-3 节与 4-4 节。例 4-11 运行效果如图 4-13 所示。

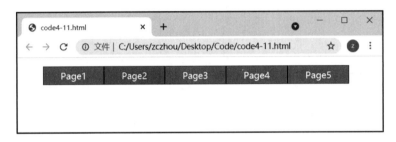

图 4-13　简易导航栏效果

4.2　表格与表单样式

表格本身没有特殊的样式属性,其更多的是结合其他样式的运用,从而使其更加美观,这里不得不提到边框地运用了。另外,在 HTML 中,表单包含多种控件,在学习了一些 CSS 内容后,本节还将使用 CSS 来渲染 HTML 的表单元素。

4.2.1　边框与表格

CSS 边框属性可以指定 HTML 元素的边框样式,包含边框的颜色、宽度、位置和形状等。围绕一个 HTML 元素的边框有四条边,按照顺时针方向依次表示为 border-left、border-top、border-right 和 border-bottom。在设定边框样式时,我们可以指定单独对某一条边添加样式(其他边不受影响),为了使内容更简洁易懂,这里仅列举部分属性,具体的边框属性如表 4-6 所示。

表 4-6　边框属性

属性名	描述	取值样例	取值说明
border	简写属性。用于把针对四个边的属性设置在一个声明	2px dashed red	边框宽度 2px,红色虚线效果
border-style	简写属性。用于设置元素所有边框的样式,或者单独为各边设置边框样式	solid	实线效果
border-width	简写属性。用于为元素的所有边框设置宽度,或者单独为各边边框设置宽度	2px	边框宽度为 2px
border-color	简写属性。设置元素的所有边框中可见部分的颜色,或为 4 个边分别设置颜色	red green	上下边框为红色,左右边框为绿色

1. 设置边框样式

使用 border-style 属性设定边框样式,具体的样式效果可分为以下九种情况。

- none:定义无边框。
- solid:定义实线。
- dotted:定义点状边框。在大多数浏览器中呈现为实线。
- dashed:定义虚线。在大多数浏览器中呈现为实线。
- double:定义双线。双线的宽度等于 border-width 的值。
- groove:定义 3D 凹槽边框。其效果取决于 border-color 的值。
- ridge:定义 3D 垄状边框。其效果取决于 border-color 的值。
- inset:定义 3Dinset 边框。其效果取决于 border-color 的值。
- outset:定义 3Doutset 边框。其效果取决于 border-color 的值。

【例 4-12】 设置边框样式 code 4-12。

```html
<!DOCTYPE html>
<html>
    <head>
        <meta charset = "utf-8">
        <title></title>
        <style type = "text/css">
            div{
                border: 8px;
                height: 100px;
            }
            #d1{
                border-style: dashed;
                border-color: red;
            }
            #d2{
                border-style: solid;
                border-color: green;
            }
            #d3{
                border-style: groove;
                border-color: blue;
            }
        </style>
    </head>
    <body>
        <div id = "d1"></div>
        <br/>
        <div id = "d2"></div>
        <br/>
```

```
        < div id = "d3" > </div >
    </body>
</html>
```

例 4-12 的预览效果如图 4-14 所示。

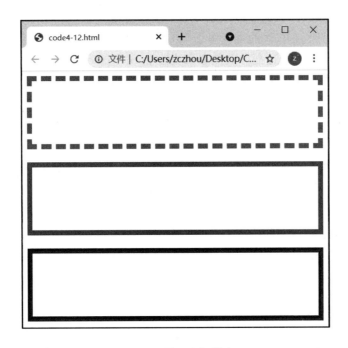

图 4-14　设置边框样式

需要注意的是,如果不希望边框的四条边呈现为同一种样式,一种方法是单独对边设置样式,如单独设置 border-left-style 属性;另一种方法是 border-style 属性赋予不同个数的属性值,根据实际情况,其属性值的取值个数可以从 1 个到 4 个,具体情况如下。

- 单值:所有边同种样式。
- 双值:上、下边框取第一个值的样式,左、右边框取第二个值的样式。
- 三值:上边框取第一个值的样式,左、右边框取第二个值的样式,下边框取第三个值的样式。
- 四值:按照上、右、下、左的次序依次取对应值样式。

2. 设置边框颜色

使用 border-color 属性为边框设置颜色。需要注意的是,在声明 border-color 前应先声明 border-style,元素应在改变其颜色之前获得边框。类似于 border-style 设置边框的方式,border-color 属性的取值个数也可以从 1 个到 4 个,对应关系与 border-style 一致,这里不再赘述。

在 CSS3 中,新增了一些边框样式,具体如下。

- border-radius:用于设置圆角边框。
- box-shadow:用于设置边框阴影。
- border-image:用于将图像作为边框显示。

【例 4-13】　设置 CSS3 边框属性 code 4-13。

```
<!DOCTYPE html>
<html>
    <head>
        <meta charset = "utf-8">
        <title></title>
        <style type = "text/css">
            div{
                height: 200px;
                width: 200px;
                border: 10px solid green;
                float: left;
                margin-left: 20px;
            }
            #d1{
                border-radius: 20px;
            }
            #d2{
                border-color: orangered;
                box-shadow: 10px 10px darkgray;
            }
            #d3{
                border-image: url('C4-2.jpg') 40 round;
            }
        </style>
    </head>
    <body>
        <div id = "d1"></div>
        <div id = "d2"></div>
        <div id = "d3"></div>
    </body>
</html>
```

例 4-13 预览效果如图 4-15 所示。

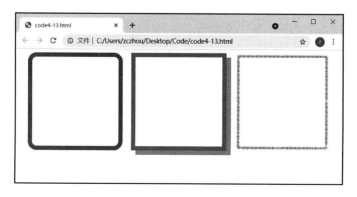

图 4-15　设置 CSS3 边框样式

border-radius 的取值仍然可以从 1 个到 4 个,读者可自行编辑测试。box-shadow 用于设定边框阴影效果,例中三项取值分别设置了水平、垂直阴影位置和阴影颜色。除此之外,还可以设定其模糊程度(blur)和阴影大小(spread)。border-image 属性可以用于将图片设定为边框样式,需要注意的是,该属性如同 border 属性的用法一样,由多个属性值决定其样式,其扩展属性如下。

- border-image-source:用于指定要绘制边框的图像的位置。
- border-image-slice:图像边界向内偏移。
- border-image-width:图像边界的宽度。
- border-image-outset:用于指定在边框外部绘制 border-image-area 的量。
- border-image-repeat:用于设置图像边界是否应重复(repeat)、拉伸(stretch)或铺满(round)。

为表格设置样式,不仅可以使其更加美观,还可以使其更加易读。

【例 4-14】 设计更美观的表格 code 4-14。

```html
<! DOCTYPE html>
<html>
    <head>
        <meta charset = "utf-8">
        <title></title>
        <style type = "text/css">
            table{
                width: auto;
                font-size: medium;
            }
            tr th{
                color: white;
                background-color: cornflowerblue;
                text-align: center;
                padding: 10px;
            }
            tr td{
                text-align: center;
                padding: 10px;
            }
            tr.sp{
                background-color: gainsboro;
            }
        </style>
    </head>
```

```
<body>
    <table border = "1" cellspacing = "0" cellpadding = "0">
        <tr>
            <th>Header1</th>
            <th>Header2</th>
            <th>Header3</th>
            <th>Header4</th>
            <th>Header5</th>
        </tr>
        <tr>
            <td>Data</td>
            <td>Data</td>
            <td>Data</td>
            <td>Data</td>
            <td>Data</td>
        </tr>
        <tr class = "sp">
            <td>Data</td>
            <td>Data</td>
            <td>Data</td>
            <td>Data</td>
            <td>Data</td>
        </tr>
        <tr>
            <td>Data</td>
            <td>Data</td>
            <td>Data</td>
            <td>Data</td>
            <td>Data</td>
        </tr>
        <tr class = "sp">
            <td>Data</td>
            <td>Data</td>
            <td>Data</td>
            <td>Data</td>
            <td>Data</td>
        </tr>
    </table>
</body>
</html>
```

例 4-14 对奇偶行的背景色做了不同的设定,从而增加了表格的易读性,运行效果如图 4-16 所示。

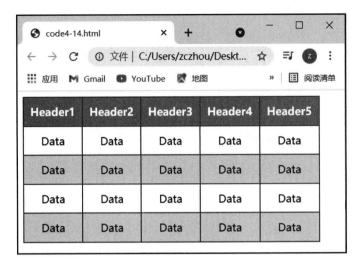

图 4-16　表格效果

4.2.2　表单样式

本节将利用 CSS 样式属性和 CSS 伪类来渲染表单控件。

1. 按钮样式

按钮是表单中非常重要的控件之一，对按钮增加 CSS 样式能使其更加美观，从而带给用户更好的体验。

【例 4-15】　按钮样式 code 4-15。

```html
<! DOCTYPE html>
<html>
    <head>
        <meta charset = "utf-8">
        <title></title>
        <style type = "text/css">
            input[type = button]{
                padding: 10px;
                color: white;
                background-color: cornflowerblue;
                border: 2px solid black;
                font-size: 20px;
            }
            #btn2{
                border-radius: 15px;
            }
            input[type = button]:hover{
                background-color: white;
                color: cornflowerblue;
            }
```

```
            #btn3{
                opacity: 0.5;
                cursor: not-allowed;
            }
        </style>
    </head>
    <body>
        <input type="button" id="btn1" value="按钮1">
         
        <input type="button" id="btn2" value="按钮2">
         
        <input type="button" id="btn3" value="按钮3">
    </body>
</html>
```

例 4-15 运行效果如图 4-17 和图 4-18 所示。

图 4-17　按钮 hover 效果

图 4-18　设置按钮禁止样式

在例 4-15 中,通过属性选择器捕捉按钮元素,由于设置了 padding 属性,进而通过 font-size 属性修改文字大小,间接让按钮整体变大。读者可自行调整属性值来观察按钮的样式变化。

2. 文本框样式

【例 4-16】 文本框样式 code 4-16。

```
<!DOCTYPE html>
<html>
```

```html
< head >
    < meta charset = "utf-8">
    < title ></title>
    < style type = "text/css">
        div{
            height: 300px;
            width: 300px;
            border:60px solid;
            border-image: url("C4-2.jpg") 100 round;
        }
        label{
            font-size: 20px;
        }
        input.txt{
            padding: 6px 10px;
            box-sizing: border-box;
            width: 100% ;
            margin: 10px 0px;
        }
        input.btn{
            background-color: cornflowerblue;
            color: white;
            width: 100% ;
            padding: 5px 20px;
            margin: 10px 0px;
            font-size: 20px;
        }
        input.txt:focus{
            background-color: beige;
        }
    </style>
</head>
< body >
    < div >
    < form action = "#" method = "post">
        < label for = "user">账号:</label>
        < br >
        < input type = "text" name = "user" id = "user" value = "" class = "txt"/>
        < br >
        < label for = "psd">密码:</label>
        < br >
        < input type = "password" name = "psd" id = "psd" value = "" class = "txt"/>
        < br >
```

```
                < input type = "submit" class = "btn" value = "提交"/>
                < input type = "reset" class = "btn" value = "重置"/>
            </form >
          </div >
      </body >
  </html >
```

例 4-16 运行效果如图 4-19 所示。

图 4-19　设置控件样式

例 4-16 对文本框添加了 focus 伪类,从而在用户通过鼠标选定某一个输入框时呈现不同的背景色效果,方便用户识别当前焦点对象。由于设置控件的效果具有一定的相似性,对于其他表单中的控件,读者可结合前述案例中样式的用法自行测试。

本 章 小 结

1. 通过选择器定位了元素后,可以使用一些 CSS 属性来修改元素的样式,对文本结构常做的处理包括修改字体、颜色或大小等。另外,为了使网页的呈现更生动,我们可以对一些容器标签添加背景或调整列表项的样式等。

2. 通过设置边框、文本、背景等样式来美化表格和表单。

练 习 题

一、单项选择题

1. 修改段落标记中的文字大小可使用(　　　)属性。

A. font-size　　　　　B. size　　　　　　C. fsize　　　　　　D. css

2. 以下属性中可以用于定义背景图像的大小的是（　　　）。

A. background-color 　　　　B. background-size

C. background- image 　　　　D. background-repeat

3. 为了去掉无序列表前的列表标记，可以使用（　　）属性，并设置值为 none。

A. list-style-type 　　　　　B. list-style-position

C. list-style-position 　　　　D. li-style-type

4. 以下属性中可用于设置圆角边框的属性为（　　　）。

A. border-style 　　　　　B. border-color

C. border-radius 　　　　　D. box-shadow

二、综合题

1. 当边框属性取单值、双值、三值和四值时，各代表什么？

2. 请查阅资料，设计一个具有渐变色背景的宽 300 px、高 300 px 的 div 元素。

3. 设计一个包含测试文本的段落元素，通过查阅资料学习 transition 属性的用法，结合伪类选择器实现当鼠标悬停在段落上时，段落样式在 3 秒内过渡为文字大小 50px、蓝色背景和白色文字的效果。

第 5 章　盒子模型与网页布局

在网页设计中,我们可以将所有的 HTML 元素都看作盒子,盒子间的关系可以是并列,也可以是嵌套。在本章中,我们将具体介绍盒子模型及其相关属性的用法,以及三种常见的网页布局结构。

5.1　盒 子 模 型

为了使元素呈现更加整洁的效果,在 HTML 章节中,我们介绍过表格布局,本节的盒子模型是另一种非常重要的且比表格布局更受欢迎的布局方式,我们会将一些容器类标签(如<div>、<span>和<li>等)视作盒子,用它来封装其他元素。一个盒子有四个重要部分,包括外边距(margin)、边框(border)、内填充(padding)和内容(content)。它们的相对关系如图 5-1 所示。

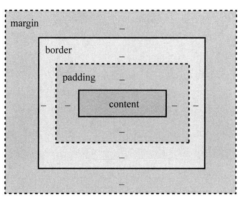

图 5-1　盒子模型属性关系

在第 4 章的 4.2 小节中介绍了 border 属性,这里补充介绍 outline 属性,该属性用法与 border 极为相似,不同之处在于它是包围在 border 外围的,请读者自行测试。盒子模型的另一个部分 content 主要指盒子的内容(如显示文本或图像等),盒子布局即一个页面中由很多盒子构成,盒子有大有小、规范排列,呈现给用户更整洁的效果。

5.1.1　外边距

CSS 中利用 margin 属性为元素添加外边距效果,其扩展属性如下(以下四种属性取值均可用数值或百分比形式)。
- margin-left:设定元素左外边距。
- margin-top:设定元素上外边距。
- margin-right:设定元素右外边距。
- margin-bottom:设定元素下外边距。

有时为了方便,我们会直接使用 margin 属性,其取值个数可以从 1 个到 4 个,各种取值情况与 border 属性一致。

【例 5-1】 利用 margin 修改元素对齐方式 code 5-1。

```html
<! DOCTYPE html >
< html >
    < head >
        < meta charset = "utf-8">
        < title ></title >
        < style type = "text/css">
                body{
                        background-color: darkgray;
                }
                # outer{
                        background-color: cornflowerblue;
                        height: 800px;
                        width: 800px;
                        margin:0px auto;
                }
                # outer div{
                        background-color: white;
                        height: 200px;
                        width: 200px;
                }
                # inner1{
                        margin:0px;
                }
                # inner2{
                        margin:10px auto;
                }
                # inner3{
                        margin-left:auto;
                }
        </style >
    </head >
    < body >
        < div id = "outer">
            < div id = "inner1"></div >
            < div id = "inner2"></div >
            < div id = "inner3"></div >
        </div >
    </body >
</html >
```

例 5-1 浏览效果如图 5-2 所示。

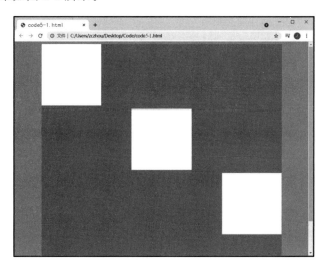

图 5-2　元素对齐效果

从上图可以看到,外侧的<div>元素完成了居中对齐效果,且内部的三个元素依次完成了左对齐、居中对齐和右对齐效果。为了理解其原因,这里需要解释一下 auto 的用法。首先,盒子的宽度值＝内容宽度＋左填充＋右填充＋左边框＋右边框＋左边距＋右边距,在这样的前提下,如果仅仅是没有给出具体边距值,则 auto 代表占用尽可能多的可用空间,所以当左、右外边距取值均为 auto 时,系统会自动均分进而呈现元素的居中效果;元素右对齐的情况是仅给出 margin-left 值为 auto,则 auto 尽可能多的占用了剩余空间,从而实现了右对齐效果。

margin 属性能否取负值呢？让我们做一个小小的实验。

【例 5-2】　margin 取负值 code 5-2。

```html
<! DOCTYPE html>
< html>
    < head>
        < meta charset = "utf-8">
        < title></title>
        < style type = "text/css">
            * {
                margin: 0px;
                padding: 0px;
            }
            # outer{
                height: 600px;
                width: 600px;
                border-right: 5px solid black;;
            }
            # inner{
                height: 300px;
```

```
                    width: 300px;
                    margin-left: auto;
                    margin-right: -305px;
                    background-color: cornflowerblue;
                }
            </style>
        </head>
        <body>
            <div id = "outer">
                <div id = "inner"></div>
            </div>
        </body>
    </html>
```

例 5-2 对内层的 div 设定 margin-right 值为－305px 而不是 300px,原因在于外层 div 的边框宽度为 5px,浏览效果如图 5-3 所示。

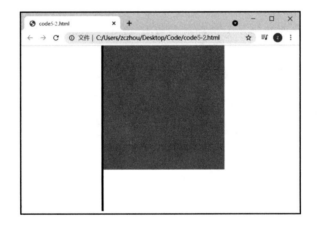

图 5-3　margin 负值效果

若对例 5-2 中的内层 div 添加 margin-top 值,按照之前所学的内容来理解,蓝色方块与屏幕上方的空白间隙会变大,而黑色竖线应固定不变,然而修改后的浏览效果却如图 5-4 所示。

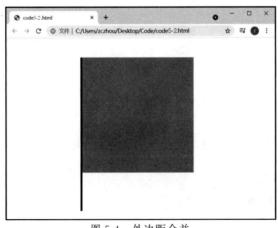

图 5-4　外边距合并

上述情况产生的原因是外边距合并,合并情况一般分为以下两种。

1. 上下排列关系的外边距合并

当两个垂直外边距相遇时,它们将形成一个外边距。合并后的外边距的高度等于两个发生合并的外边距的高度中的较大者。即两个元素上下排列时,上部元素的下外边距和下部元素的上外边距会发生合并情况,并且取其中的较大值。

2. 内层包含关系的外边距合并

当一个元素包含在另一个元素中时(假设没有内边距或边框把外边距分隔开),它们的上和/或下外边距也会发生合并。

5.1.2　内填充

填充属性与外边距属性类似,同样可以单独设置某一个方向上的填充效果,如下所示。

- padding-bottom:设置元素的底部填充。
- padding-left:设置元素的左部填充。
- padding-right:设置元素的右部填充。
- padding-top:设置元素的顶部填充。

类似地,padding 也可以有 1~4 个值的情况。

【例 5-3】　设置填充属性 code 5-3。

```
<!DOCTYPE html>
<html>
    <head>
        <meta charset = "utf-8">
        <title></title>
        <style type = "text/css">
            p{
                font-size: 20px;
                font-style: italic;
            }
            #p1{
                padding: 50px 5px;
                border: 2px solid black;
            }
            #p2{
                padding: 5px 50px 5px;
                border: 2px dashed blue;
            }
        </style>
    </head>
    <body>
        <p id = "p1"> This is a test paragraph, This is a test paragraph, This is a test paragraph,
</p>
```

```
        <p id="p2">This is a test paragraph,This is a test paragraph,This is a test paragraph,
</p>
        </body>
    </html>
```

例 5-3 浏览效果如图 5-5 所示。

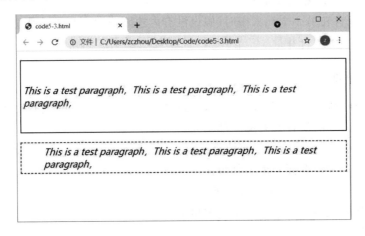

图 5-5　设置填充效果

position 属性指定了元素的定位类型,float 属性指定了元素的浮动效果,这两种属性在页面布局中有非常重要的作用。

5.1.3　定位属性

定位是指通过 CSS 样式设定 HTML 元素的位置,position 属性可取的属性值情况如表 5-1 所示。

表 5-1　position 属性

属性值	描　述
static	HTML 元素定位的默认取值,即无定位效果
relative	相对其正常位置的位置
fixed	设定位置后,相对于浏览器窗口的位置固定不变
absolute	元素的位置相对于最近的已定位父元素,如果元素没有已定位的父元素,那么它的位置相对于<html>。另外,绝对定位的元素位置与文档流脱离,不会占用文档流空间
sticky	会基于用户浏览器滚动条的变化而定位

1. static 定位

静态定位遵循正常的文档流对象,且不会受到 top、bottom、left、right 影响,无任何特殊效果。

2. relative 定位

相对定位的元素是相对其原本位置(无定位效果的位置)而言的,并且移动相对定位元素,但它原本所占的空间不会改变。

【例 5-4】 设置相对定位 code 5-4。

```
<!DOCTYPE html>
<html>
    <head>
        <meta charset = "utf-8">
        <style type = "text/css">
            div{
                height: 100px;
                border: 2px solid black;
            }
            #rel{
                background-color: cornflowerblue;
                position: relative;
                top: -90px;
            }
        </style>
    </head>
    <body>
        <div></div>
        <div id = "rel"></div>
        <div></div>
    </body>
</html>
```

例 5-4 浏览效果如图 5-6 所示。

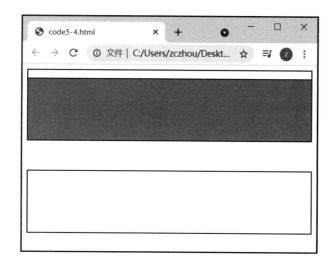

图 5-6 相对定位效果

由上图可以看到，蓝色背景的 div 原本的位置并没有被第三个 div 占用。

3. fixed 定位

固定定位的元素不会随着窗口滚动而移动。很多网站的侧边导航常常采用这种固定定位

91

的做法，接下来结合锚点链接设计一个侧边导航效果。

【例 5-5】 侧边导航效果 code 5-5。

```html
<!DOCTYPE html>
<html>
    <head>
        <meta charset = "utf-8">
        <title></title>
        <style type = "text/css">
            p{
                font-size: 30px;
                font-weight: 500;
                font-style: italic;
            }
            div.show{
                height: 300px;
                border: 5px solid black;
                margin: 5px 50px;
            }
            #div_nav{
                position: fixed;
                right: 30px;
                bottom: 100px;
            }
            ul.ul_nav{
                height: 120px;
                list-style: none;
            }
            li{
                border
            }
            ul.ul_nav li a{
                text-decoration: none;
                color: black;
            }
            li:not(li:last-child){
                border-bottom: 1px solid black;
            }
            li:hover{
                background-color: bisque;
            }
```

```
            </style>
        </head>
        <body>
            <div class="show"><p id="p1">First Part</a></div>
            <div class="show"><p id="p2">Second Part</a></div>
            <div class="show"><p id="p3">Third Part</a></div>
            <div class="show"><p id="p4">Fourth Part</a></div>
            <div id="div_nav">
                <ul class="ul_nav">
                    <li><a href="#p1">p1</a></li>
                    <li><a href="#p2">p2</a></li>
                    <li><a href="#p3">p3</a></li>
                    <li><a href="#p4">p4</a></li>
                </ul>
            </div>
        </body>
</html>
```

例 5-5 中通过单击侧边固定定位的导航能够自动将滚轮定位至锚点位置。运行效果如图 5-7 所示。

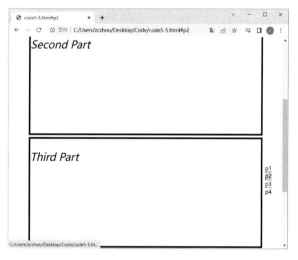

图 5-7　侧边导航效果

4．absolute 定位

absolute 定位与其他定位不同之处在于，它会使元素的位置变得与文档流无关，因此不占据空间，有时候可以用它来设计重叠效果（如卡牌、切牌效果）。另外，我们也可以利用绝对定位使得 HTML 元素可以垂直居中对齐。做法设定元素为绝对定位，同时令其 margin-top 和 margin-bottom 的值均为 auto。

【例 5-6】　设置绝对定位 code 5-6。

```
<!DOCTYPE html>
<html>
```

```
<head>
    <meta charset = "utf-8">
    <title></title>
    <style type = "text/css">
        #outer{
            position: relative;
            margin: 0px auto;
            width: 500px;
            height: 500px;
            border: 5px solid black;
        }
        #inner{
            position: absolute;
            top: 0px;
            right: 0px;
            bottom: 0px;
            left: 0px;
            margin:auto;
            height: 200px;
            width: 200px;
            background-color: darkgrey;
        }
    </style>
</head>
<body>
    <div id = "outer">
        <div id = "inner">
        </div>
    </div>
</body>
</html>
```

　　例 5-6 中对内层 div 设置其上、下、左、右的距离值均为 0 非常重要,否则垂直居中效果不会成功,其原理在于给浏览器重新分配边界框大小,此时,该元素块将填充其父元素的所有可用空间,所以 margin 垂直方向上有了可分配的空间。进而依照之前的宽度关系得到了垂直居中的效果。运行效果如图 5-8 所示。

　　5. sticky 定位

　　sticky 会基于用户的滚动位置定位,相当于在无定位状态与固定定位之间切换,即当页面滚动即将超出粘性定位元素的显示区域时,该元素会贴附在滚动位置上,此时则变为固定定位;若滚动条向原先区域滑动并使其回到原本的位置上时,则切换为无定位状态。

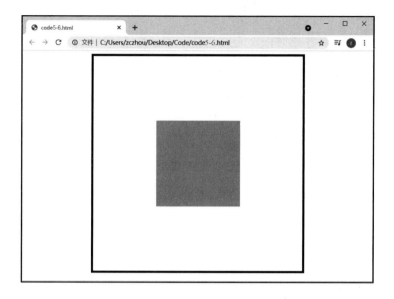

图 5-8　绝对定位居中效果

【例 5-7】　设置粘性定位 code 5-7。

```
<! DOCTYPE html >
< html >
    < head >
        < meta charset = "utf-8">
        < title ></ title >
        < style type = "text/css">
            body{
                height:1500px;
            }
            p. top{
                font-size: 20px;
                font-style: italic;
            }
            p. bottom{
                font-size: 10px;
                font-weight: 800;
            }
            #mid{
                height: 100px;
                position: sticky;
                top: 100px;
                background-color: antiquewhite;
            }
```

```
        </style>
    </head>
    <body>
        <p class = "top">This is a test paragraph</p>
        <p class = "top">This is a test paragraph</p>
        <p class = "top">This is a test paragraph</p>
        <div id = "mid">sticky sticky sticky</div>
        <p class = "bottom">This is a test paragraph</p>

        <p class = "bottom">This is a test paragraph</p>
        <p class = "bottom">This is a test paragraph</p>
    </body>
</html>
```

例 5-7 的浏览效果如图 5-9 所示。

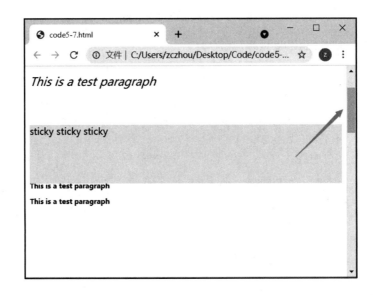

图 5-9　粘性定位效果

从图 5-9 中可看出滚轮滑动后,被设置为粘性定位的 div 元素随之固定在距离上边界 100px 的位置。

5.1.4　浮动属性

利用 float 属性可以另元素向左或向右移动,直到它的外边缘碰到外层边框或另一个浮动框的边框为止。需要注意的是,块元素应用浮动效果后,会去除其独占一行的效果,进而向上合并。若上部剩余空间足够,则依照浮动的方向朝左侧或右侧靠拢;若剩余的上部空间不足,则维持在当前行。

设定浮动效果后,元素会重新排列,若后续元素不想呈现该效果,可以使用 clear 属性。具体属性与值的描述如表 5-2 所示。

表 5-2 浮动与清除

属 性	取 值	描 述
clear	left	在左侧不允许浮动元素
	right	在右侧不允许浮动元素
	both	在左右两侧均不允许浮动元素
	none	默认值。允许浮动元素出现在两侧
float	left	元素向左浮动
	right	元素向右浮动
	none	默认值。元素不浮动,并会显示在其在文本中出现的位置

5.2 页面布局

页面中需要展示的内容多种多样,这些内容都存在于大大小小的盒子中,而将这些盒子有规则地排列、摆放就做到了页面布局,本节将介绍三种布局方式以供参考。

5.2.1 圣杯布局

圣杯布局来自 Matthew Levine 于 2006 年写的一篇文章"In Search of the Holy Grail"。其呈现效果如图 5-10 所示。

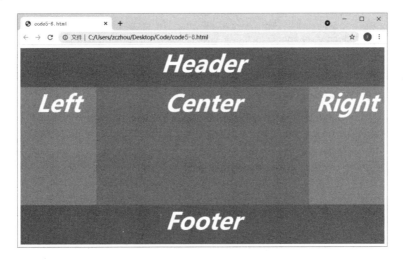

图 5-10 圣杯布局效果

如图所示,圣杯布局是一种包含页眉(Header)区域、页脚(Footer)区域和固定宽度的左(Left)、右(Right)块元素及中心(Center)自适应宽度的主内容区的网页布局,圣杯布局要求Center 区域要优先渲染,这也意味着在 HTML 结构中,Center 要在 Left 和 Right 两部分前声明。另外,中间内容需要在缩放情况下仍能完整显示。设计圣杯布局可以使用如下步骤。

- 完成 HTML 结构设计。需要注意的是,中心自适应区域要在左、右块元素前声明。
- 上、下区域设置宽度,中间三个块元素均向左浮动。
- 利用 margin 可以取负值的方式使 Left 和 Right 部分显示到 Center 两侧。

- 修改中心区域块的左、右填充属性,使得中心区域两侧留出足够容纳 Left 和 Right 的宽度。
- 设置 Left 和 Right 块元素为相对定位,利用 Left 和 Right 可取负值的方式调整其到合适的位置。

【例 5-8】 圣杯布局 code 5-8。

```
<! DOCTYPE html >
< html >
    < head >
        < meta charset = "utf-8">
        < title > </title >
        < style type = "text/css">
            body{
                min-width: 800px;
            }
            div{
                font-size: 60px;
                text-align: center;
                color: white;
                font-weight: bolder;
                font-style: italic;
            }
            # header, # footer{
                height: 100px;
                width: 100 % ;
                background-color: cornflowerblue;
            }
            # container{
                padding: 0px 200px;
            }
            # container > div{
                height: 300px;
                float: left;
                position: relative;
            }
            # left{
                width: 200px;
                background-color: darkseagreen;
                margin-left:-100 % ;
                left: -200px;
            }
            # right{
                width: 200px;
```

```
                    background-color: darkseagreen;
                    margin-left: -200px;
                    right: -200px;
                }
                #center{
                    background-color: coral;
                    width: 100%;
                }
                #footer{
                    clear: both;
                }
        </style>
    </head>

    <body>
        <div id = "header">Header</div>
        <div id = "container">
            <div id = "center">Center</div>
            <div id = "left">Left</div>
            <div id = "right">Right</div>
        </div>
        <div id = "footer">Footer</div>
    </body>

</html>
```

5.2.2 双飞翼布局

双飞翼布局与圣杯布局呈现的结果是完全相同的,都是三栏布局、中心区域自适应且优先渲染;不同之处在于处理 Center 区域被 Left 和 Right 遮挡的方法,圣杯布局利用调整内填充和相对定位的方式,而双飞翼布局则利用修改 Center 块元素的左、右、外边距的方式,为了使边距生效,在结构上要增加一个 div 块元素作为 Center 区域的直接父元素。

【例 5-9】 双飞翼布局 code 5-9。

```
<! DOCTYPE html>
<html>
    <head>
        <meta charset = "utf-8">
        <title></title>
        <style type = "text/css">
            body{
                min-width: 800px;
            }
```

```
            div{
                font-size: 60px;
                text-align: center;
                color: white;
                font-weight: bolder;
                font-style: italic;
            }
            #header, #footer{
                height: 100px;
                width: 100%;
                background-color: cornflowerblue;
            }
            #left{
                float: left;
                width: 200px;
                background-color: darkseagreen;
                margin-left: -100%;
            }
            #right{
                float: left;
                width: 200px;
                background-color: darkseagreen;
                margin-left: -200px;
            }
            #m_center{
                float: left;
                width: 100%;
            }
            #center{
                margin: 0px 200px 0px 200px;
                background-color: coral;
            }
            #footer{
                clear: both;
            }
        </style>
    </head>
    <body>
        <div id="header">Header</div>
        <div id="container">
            <div id="m_center">
                <div id="center">Center</div>
            </div>
```

```
                < div id = "left"> Left </div>
                < div id = "right"> Right </div>
            </div>
            < div id = "footer"> Footer </div>
        </body>
    </html>
```

5.2.3　Flex Box 布局

Flex Box 布局又称弹性盒子布局,是 CSS3 中的一种布局方式,当页面需要适应不同屏幕大小及设备类型时,其能确保元素拥有恰当的响应状态。

引入弹性盒子布局模型的目的是提供一种更加有效的方式来对一个容器中的子元素进行排列、对齐和分配空白空间。

在介绍弹性盒子布局之前,我们先学习 display 属性,该属性用于设置元素的显示方式。每个 HTML 元素都有一个默认的 display 值,具体取决于它的元素类型。大多数元素的默认 display 值为 block 或 inline。display 属性包含的取值有很多个,比较常用的取值如下。

- none:此元素不会被显示。
- block:此元素将显示为块级元素,元素前后会带有换行符。
- inline:默认。此元素会被显示为内联元素,元素前后没有换行符。
- inline-block:行内块元素(CSS 2.1 新增的值)。
- list-item:此元素会作为列表显示。
- run-in:此元素会根据上、下文作为块级元素或内联元素显示。

利用该属性结合定位可以完成很多意想不到的设计。

【例 5-10】　下拉菜单 code 5-10。

```
<! DOCTYPE html >
< html >
    < head >
        < meta charset = "utf-8">
        < title ></title>
        < style type = "text/css">
            #menu{
                position: relative;
                display: inline-block;
            }
            #menu span{
                background-color : darkblue;
                color: white;
                font-size: 20px;
                padding: 0px 10px;
            }
            #down{
```

```
                position: absolute;
                display: none;
                padding: 0px 5px;
                background-color: gold;
                box-shadow: 0px 8px 16px 0px darkgrey;
                min-width: 100px;
            }
            #menu:hover #down{
                display: block;
            }
        </style>
    </head>
    <body>
        <div id = "menu">
            <span>Menu</span>
            <div id = "down">
                <p>menu-1</p>
                <p>menu-2</p>
                <p>menu-3</p>
            </div>
        </div>
    </body>
</html>
```

例 5-10 的演示效果如图 5-11 和图 5-12 所示。

图 5-11 下拉菜单(1)

图 5-12 下拉菜单(2)

介绍完 display 属性的用法后,我们回归到弹性盒子的用法上。弹性盒子由弹性容器(Flex container)和弹性子元素(Flex item)组成,通过设置元素的 display 属性的值为 flex 或 inline-flex,将其定义为弹性容器。其特征如下。

- 存在两根轴:水平轴(主轴)和垂直轴(侧轴)。
- 容器内的所有子元素称为项目。
- 项目的 float、clear 和 vertical-align 属性失效。

弹性容器具有以下六种相关属性。

1. flex-direction

flex-direction 指定了弹性容器中子元素的排列方式。该属性只能影响弹性子元素，取值分为以下四种情况。

- row：默认值。项目将水平显示，正如一行一样。
- row-reverse：与 row 相同，但子元素以相反的顺序显示。
- column：灵活的项目将垂直显示，正如一列一样。
- column-reverse：与 column 相同，但子元素以相反的顺序显示。

【例 5-11】　flex-direction 应用 code 5-11。

```
<! DOCTYPE html>
<html>
    <head>
        <meta charset = "utf-8">
        <style type = "text/css">
            .flex-container {
                display: flex;
                background-color: cornflowerblue;
            }
            .flex-container > div {
                background-color: #f1f1f1;
                margin: 10px;
                padding: 20px;
                font-size: 30px;
            }
            .flex-container-reverse {
                display: flex;
                background-color: cornflowerblue;
                flex-direction: column;
            }
            .flex-container-reverse > div {
                background-color: #f1f1f1;
                margin: 10px;
                padding: 20px;
                font-size: 30px;
            }
        </style>
    </head>
    <body>
        <div class = "flex-container">
            <div>1</div>
            <div>2</div>
            <div>3</div>
```

```
            </div>

            <div class = "flex-container-reverse">
                <div>1</div>
                <div>2</div>
                <div>3</div>
            </div>
        </body>
</html>
```

例 5-11 浏览效果如图 5-13 所示。

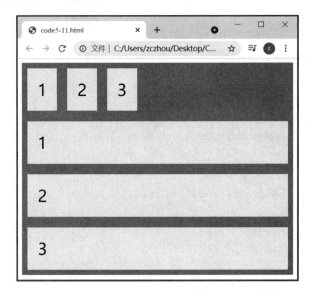

图 5-13　flex-direction 应用

2. flex-wrap

flex-wrap 设置弹性盒子的子元素超出父容器时是否换行。其取值情况如下。

- nowrap:默认值。规定灵活的项目不拆行或不拆列。
- wrap:规定灵活的项目在必要时拆行或拆列。
- wrap-reverse:规定灵活的项目在必要时以相反的顺序拆行或拆列。

【例 5-12】　flex-wrap 应用 code 5-12。

```
<!DOCTYPE html>
<html>
    <head>
        <style type = "text/css">
            .flex-container {
                display: flex;
                background-color: cornflowerblue;
                flex-wrap: nowrap;
```

```
            }
        .flex-container > div {
            background-color: #f1f1f1;
            margin: 10px;
            padding: 50px;
            font-size: 90px;
        }
    </style>
</head>
<body>
    <div class="flex-container">
        <div>1</div>
        <div>2</div>
        <div>3</div>
    </div>
</body>
</html>
```

将浏览器窗口缩小后,例 5-12 的浏览效果如图 5-14 所示。

若将 flex-wrap 属性修改为 wrap,同样的浏览器宽度的浏览效果如图 5-15 所示。

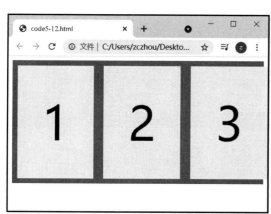

图 5-14 flex-wrap 应用

图 5-15 wrap 值浏览效果

3. flex-flow

flex-flow 是 flex-direction 和 flex-wrap 属性的复合属性,是两者的简写形式。其具体取值情况可参照 1. 与 2.。

4. justify-content

justify-content 设置弹性盒子元素在主轴(横轴)方向上的对齐方式。其取值情况如下。

- flex-start:默认值;左对齐。
- flex-end:右对齐。
- center:水平居中对齐。
- space-between:两端对齐。

- space-around：均分留白空间。

5. align-items

align-items 设置弹性盒子元素在侧轴（纵轴）方向上的对齐方式。其取值情况如下。

- stretch：默认值。元素被拉伸以适应容器，即当元素未设置高度或为 auto 时，将占满整个垂直空间。
- center：垂直居中。
- flex-start：上端对齐。
- flex-end：底端对齐。
- baseline：与容器基线对齐。

【例 5-13】 项目水平垂直居中 code 5-13。

```
<! DOCTYPE html>
<html>
    <head>
        <meta charset = "utf-8">
        <title></title>
        <style type = "text/css">
            .flex-container {
                display: flex;
                background-color: cornflowerblue;
                min-height: 400px;
                justify-content: center;
                align-items: center;
            }
            .flex-container > div {
                background-color: #f1f1f1;
                margin: 10px;
                padding: 50px;
                font-size: 90px;
            }
        </style>
    </head>
    <body>
        <div class = "flex-container">
            <div>1</div>
        </div>
    </body>
</html>
```

例 5-13 的浏览效果如图 5-16 所示。

6. align-content

align-content 定义了项目在交叉轴上的对齐方式。其取值情况如下。

- flex-start：与交叉轴的起点对齐。

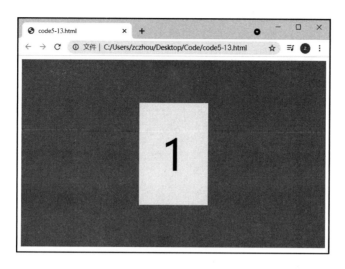

图 5-16 项目双向居中

- flex-end：与交叉轴的终点对齐。
- center：与交叉轴的中点对齐。
- space-between：与交叉轴两端对齐，轴线之间的间隔平均分布。
- space-around：每根轴线两侧的间隔都相等，所以看起来轴线之间的间隔比轴线与边框的间隔大一倍。这里的不要与 margin 合并情况相混淆。
- stretch：轴线占满整个交叉轴。

【例 5-14】 align-content 属性应用 code 5-14。

```html
<! DOCTYPE html >
< html >
    < head >
        < meta charset = "utf-8">
        < style type = "text/css">
            .flex-container {
                display: flex;
                background-color: cornflowerblue;
                height: 600px;
                justify-content: center;
                align-content: stretch;
            }
            .flex-container > div {
                background-color: #f1f1f1;
                margin: 10px;
                padding: 50px;
                font-size: 90px;
            }
        </style>
```

```
    </head>
    <body>
        <div class = "flex-container">
            <div>1</div>
            <div>2</div>
        </div>
    </body>
</html>
```

例 5-14 的浏览效果如图 5-17 所示。

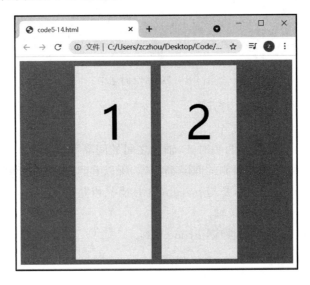

图 5-17   stretch 拉伸效果

在了解了容器属性后,接下来介绍项目属性。项目相关属性如表 5-3 所示。

表 5-3   项目属性及描述

属　　性	描　　述	取值样例
order	项目排列顺序	2
align-self	在项目上使用后会覆盖弹性盒子上设置的对齐方式	center
flex-grow	当前项目的放大比例	3
flex-shrink	当前项目的缩小比例	1
flex-basis	项目在主轴上占据的空间	50px
flex	是 flex-grow、flex-shrink 和 flex-basis 的简写形式	0,0,100px

本 章 小 结

1. 盒子模型是页面布局中非常重要的内容,为了掌握盒子模型,我们要熟练掌握 margin、padding、position、float 和 display 等属性。

2. 弹性盒子布局已是目前最为流行的 Web 布局方式之一,它可以在页面需要适应不同屏幕大小及设备类型时确保元素拥有恰当的状态,即响应式布局。

练 习 题

1. 请设计一个美观的注册页面。

2. 简述圣杯布局与双飞翼布局的区别与联系。

3. 编写程序,设置三个宽度、高度均为 100px,边框颜色为红色虚线的 div 元素,并通过 CSS 使得三个元素的对齐方式依次为左对齐、居中对齐和右对齐。

4. 请修改例 5-11 为项目添加 flex 属性,使得 2 号 div 的宽度是 1 号 div 宽度的两倍。

第 6 章　JavaScript 基础

HTML 处理网页的结构，CSS 处理网页样式，而 JavaScript 则处理网页的行为。JavaScript 最早是 Netscape Communication（网景）公司开发出来的一种客户端脚本语言，它是一种通用的、跨平台的、基于对象和事件驱动的解释型脚本语言。它的代码可以直接嵌入 HTML 页面中，把静态页面变成支持用户交互并响应相应事件的动态页面。

最初，这种脚本语言只能在网景公司的浏览器——Navigator 中使用。为了抢占浏览器市场，微软在其 IE 浏览器里也加入了对 JavaScript 的支持，从此 JavaScript 得到了广泛的支持。目前，几乎所有的主流浏览器都支持 JavaScript。

6.1　JavaScript 简介

JavaScript 是互联网最流行的脚本语言，最初主要用于编写网页脚本，它以事件驱动响应，从而给予用户更好的浏览体验。随着近年来 Node.js（运行在服务端的 JavaScript）的广泛运用，JavaScript 本身被使用的场景越来越多，其语言特点如下。

- 解释性。JavaScript 不同于一些编译性的语言（如 C、C++ 等），它是一种解释性的语言，它的源代码不需要经过编译，而是在浏览器运行时被解释。
- 基于对象。JavaScript 是一种基于对象的语言，它内置了多种对象并允许用户自己创建对象。
- 事件驱动。JavaScript 可以直接对用户的输入做出响应，无须经过 Web 服务程序。它对用户的响应是以事件（如鼠标事件、键盘事件）驱动的方式进行的。
- 跨平台。JavaScript 是一种跨平台的语言，它依赖于浏览器本身，与操作系统无关。只要计算机能运行浏览器，并且浏览器支持 JavaScript 就可执行。

6.1.1　JavaScript 的构成

完整的 JavaScript 实现由以下三个不同的部分组成。

- 核心（ECMAScript）：规定了 JavaScript 这门语言的一些组成部分，包括语法、类型、语句、关键字、保留字、操作符、对象。它与 Web 浏览器之间没有依赖关系。
- 文档对象模型（DOM）：针对 XML 但经过扩展用于 HTML 的应用程序编程接口。DOM 把整个页面映射为一个多层节点结构。
- 浏览器对象模型（BOM）：可以对浏览器窗口进行访问和操作，由于没有相关的 BOM 标准，每种浏览器都有自己的 BOM 实现。这个问题在 HTML5 中得到了解决，HTML5 致力于把很多 BOM 功能写入正式规范。

6.1.2　使用 JavaScript

在网页中使用 JavaScript 有两种方式，一种是嵌入 HTML 文件中，另一种是定义单独的外部.js文件,以在页面中引入。

1. 嵌入 HTML 的 JavaScript 脚本

在 HTML 页面中插入 JavaScript 的方法就是使用< script >元素,可以将< script >元素放在页面的< head >元素中。

【例 6-1】 在 HTML 中使用 JavaScript code 6-1。

```
<! DOCTYPE html >
< html >
    < head >
        < meta charset = "utf-8">
        < script type = "text/javascript">
            function fun(){
                alert("Hello JavaScript!");
            }
        </script >
    </head >
    < body >
        < button onclick = "fun()">弹框</button >
    </body >
</html >
```

例 6-1 点击按钮后的效果如图 6-1 所示。

图 6-1   JavaScript 应用

实际使用时,既可以将 JavaScript 放在< head >元素中,也可以将其放在< body >元素中,甚至放在< body >元素之后。原因在于将 JavaScript 脚本放在文档的< head >元素中,意味着必须等到全部 JavaScript 代码被下载、解析和执行后,才能开始呈现页面的内容。对于需要很多 JavaScript 代码的页面来说,这会导致浏览器呈现页面时出现明显的延迟,而延迟期间的浏览器窗口将是一片空白。为了避免这个问题,很多 Web 应用程序一般把全部 JavaScript 脚本放在< body >元素页面内容的后面。

【例 6-2】 在 HTML 中使用 JavaScript code 6-2。

```
<! DOCTYPE html >
< html >
    < head >
```

```
            < meta charset = "utf-8">
            < title > </title>
            < script type = "text/javascript">
                  while(1)
                  {
                  }
            </script>
      </head>
      < body >
            < h1 >等待 JavaScript 脚本执行后显示。</h1>
      </body>
</html>
```

例 6-2 的浏览效果如图 6-2 所示。

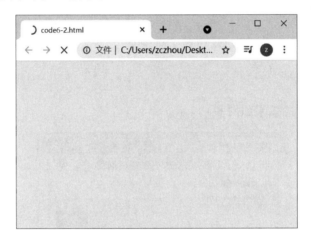

图 6-2　脚本加载

在例 6-2 中,因为脚本加载在< body >元素之前且包含一个永真循环,所以< body >元素内容无法被加载。看完这两个例子后,需要补充一点,例 6-1 中使用事件驱动响应的方式在按钮中添加了 onclick 事件属性,并在脚本中定义了一个响应函数 fun(),alert()是一个全局函数,作用是弹出一个警告框。

除上述用法外,还可以用在类似于 CSS 的行内样式表,修改后的代码如下。

```
< button onclick = "javascript:alert('hello javascript! ')">弹框</button>
```

这里必须注意,在 alert 函数中用的是单引号,其目的是和外侧的双引号区分开来,否则无法弹框。

2. 外部引入.js 文件

将 JavaScript 代码写在一个独立的脚本文件(扩展名为.js)中,在页面中使用时直接导入该脚本文件即可,导入的格式如下。

```
< script type = "text/javascript" src = "要导入的 js 文件.js"> </script>
```

script 一定要有结束标签,下面的写法是错误的。

```
< script type = "text/javascript" src = "要导入的 js 文件.js" />
```

将例 6-1 中< script >标签内部的代码编辑到以.js 为扩展名的文件中,然后采用相对路径的方式引用,读者可以自行尝试。

最后,需要注意的是调试问题。对于 JavaScript 而言,页面中只要出现一处语法错误,则整个 JavaScript 程序都不执行,这为我们找错和调试带来了困难。除了我们使用的工具可以检查语法错误外,出现不易察觉的逻辑错误时应如何查错呢? 这里介绍一个简单、直观的方法:当在浏览器中打开编辑好的程序而结果与我们预想的不一致时,按下 F12 键,找到 console 选项卡,看到错误提示,点击后显示出错的具体位置。错误提示如图 6-3 所示。

⊗ Uncaught ReferenceError: mm is not defined

图 6-3　错误提示

6.2　JavaScript 语法基础

JavaScript 是一种脚本语言,它同样包含数据类型、常亮变量、流程控制等基础内容。为了能够更好地完成后续知识点的实践,这里介绍一些可用的网页输入输出函数,如表 6-1 所示。

表 6-1　常用输入输出函数

类　型	函数名称	参数说明	描　述
输入	prompt	一个;字符串;要在对话框中显示的纯文本	显示可提示用户输入的对话框
输出	alert	一个;在对话框中显示的纯文本	显示带有一条指定消息和一个确认按钮的警告框
	confirm	一个;在对话框中显示的纯文本	显示带有一段消息以及确认按钮和取消按钮的对话框
	document. write	多个(可选);要写入的输出流。多个参数可以列出,他们将按出现的顺序被追加到文档中	向文档写入 HTML 表达式、纯文本或 JavaScript 代码
	console. log	多个(可选);也可以使用 printf 风格的占位符	向浏览器控制台输出普通信息

6.2.1　数据类型

JavaScript 中的数据类型主要分为两类,即基本数据类型和复杂数据类型。其中,基本数据类型包含 Undefined、Null、Boolean、Number 和 String;复杂数据类型以 Object 为基础,还扩展了一些内置对象,具体见 6.3 节中的内容。类型说明如表 6-2 所示。

表 6-2 JavaScript 数据类型

类　别	数据类型	说　明
基本数据类型	数值类型 （Number）	包含整数和浮点数
	布尔类型 （Boolean）	只有 true 和 false 两个值（两个值小写）
	字符串类型 （String）	表示一个字符序列，必须使用单引号('')或双引号("")括起来
	Undefined 类型 （Undefined）	用来确定一个已经创建但还没有赋初值的变量，只有一个值为：undefined（小写）
	Null 类型 （Null）	表名某个变量的值为空，只有一个值为：null(小写)
复合数据类型	Object 类型 （Object）	该类型的值为对象，对象由一些属性（变量）和方法（函数）组成的集合，访问它们时用：.（英文点号）

在详细介绍各个类型前，我们来学习一个重要的操作符 typeof，它是一元操作符，用于以字符串的形式返回变量的原始类型，用法如下。

```
var x = 100;
document.write(typeof x);
alert(typeof(x));
```

对一个值使用 typeof 操作符可能返回下列某个字符串之一。
- undefined：当变量定义，但未初始化或赋值时。
- boolean：变量是布尔值时。
- string：值是字符串时。
- number：值是数值时。
- object：值是对象或者 null（代表空对象引用）。
- function：值是函数时。

1. 数值类型

Number 类型包括整数和浮点数值（双精度数值）。除了常用的十进制外，还可以表示八进制和十六进制。八进制的第一位必须是 0，后跟 0～7；十六进制前两位是 0x，后跟 0～9 及 A～F。八进制和十六进制表示的数值最终将被转换为十进制。示例如下。

```
var oNum1 = 070; //八进制的 56
```

浮点数值中必须包含一个小数点，以下三种形式是被允许的。

```
var num1 = 1.1;
var num2 = 0.1;
var num3 = .1; //有效，但不推荐。如果数值只有小数部分，则可以省略整数部分的 0。
```

JavaScript 中保存浮点数值需要的内存空间是保存整数的两倍,因此 JavaScript 会自动将一些能够转换为整数的浮点数自动转换,如小数点后没跟任何数字(如 1.)或者浮点数本身是个整数(如 1.0)。

NaN 表示一个本来要返回数值的操作未返回数值的情况,它有如下特点。

- 任何涉及 NaN 的操作(如 NaN/10)都会返回 NaN。
- NaN 与任何值都不相等,包括 NaN 本身。

在具体了解它的出现场景前,我们先来看下面这个例子。

【例 6-3】 code 6-3。

```
<!DOCTYPE html>
<html>
    <head>
        <meta charset="utf-8">
        <title></title>
        <script type="text/javascript">
            var n1 = prompt("请输入第一个数字");
            var n2 = prompt('请输入第二个数字');
            var n3 = n1 + n2;
            document.write('输入的第一个数字是:' + n1 + '<br>');
            document.write('输入的第二个数字是:' + n2 + '<br>');
            document.write("他们的和为" + n3);
        </script>
    </head>
    <body>
    </body>
</html>
```

在分别输入了"1"和"2"后的显示结果如图 6-4 所示。

图 6-4 code 6-3(1)

图 6-4 中得到的结果与我们设想的不一致,读者能否运用目前所学的知识找一下原因呢?

如果有其他语言基础或观察了 document.write 括号中的写法,我们可以联想到字符串变量遇到"+"运算符的处理方式是前后合并成新串,所以可以推测问题应该出在 prompt 函数的返回值的类型上,我们用 typeof 运算符检测一下,在例 6-3 中额外加入如下代码。

```
document.write(typeof n1);
```

运行结果如图 6-5 所示。

图 6-5　code 6-3(2)

今后会遇到很多通过表单中的文本框输入数据的情况,而获取的文本框中的值均为字符串类型,为解决将字符串转换为数值型的问题,这里介绍以下两个常用函数。

- parseInt():用于将字符串转换成整数数值。
- parseFloat():用于将字符串转换成浮点型数值。

转换规则如下。

- 转换时,会忽略字符串前面的空格,直至找到第一个非空格字符;如果第一个字符不是数字字符或者正负号,则返回 NaN。
- 转换空字符串返回 NaN。
- 如果第一个字符是数字字符,则会接着进行解析,直到完成或者遇到非数字字符。
- 使用该函数的第二个参数指定转换时要转成的进制数。

【例 6-4】　code 6-4。

```
<! DOCTYPE html>
<html>
    <head>
        <meta charset = "utf-8">
    </head>
    <body>
        <h1>
            <script type = "text/javascript">
                document.writeln(parseInt('1'));
                document.writeln(parseInt('- 100'));
                document.writeln(parseInt('str100'));
                document.writeln(parseInt('100str'));
                document.write(parseInt('10',16));
            </script>
        </h1>
    </body>
</html>
```

例 6-4 运行结果如图 6-6 所示。

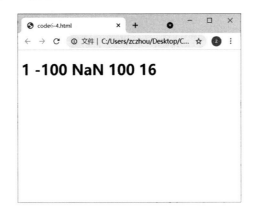

图 6-6 code 6-4

2. 布尔类型

该类型有两个值：true 和 false(必须全是小写)，可以将其他值通过 Boolean()函数转换为 Boolean 类型，返回值取决于要转换值的数据类型和实际值。具体如表 6-3 所示。

表 6-3 boolean 类型转换

类型	转为 true 值	转为 false 值
String	任何非空字符串	" "(空字符串)
Number	任何非零数字值(包括无穷大)	0 和 NaN
Object	任何对象	null
Undefined	——	undefined

需要注意的是，使用流控制语句(如 if 语句)时，会将其他类型值副本自动 Boolean 转换以适应结果(根据相应的数据类型和对应的值)。

【例 6-5】 code 6-5。

```html
<!DOCTYPE html>
<html>
    <head>
        <meta charset = "utf-8">
        <title></title>
        <script type = "text/javascript">
            var str = 'test';
            if(str)
                    alert(str);
        </script>
    </head>
    <body>
    </body>
</html>
```

例 6-5 的运行效果如图 6-7 所示。

图 6-7　code 6-5

3. undefined 类型

该类型只有一个值，即特殊的 undefined。在使用 var 声明变量但未对其加以初始化或后续赋值时，这个变量值就是 undefined 值且为小写（JavaScript 大小写敏感）。

【例 6-6】　code 6-6。

```
<!DOCTYPE html>
<html>
    <head>
        <meta charset = "utf-8">
        <title></title>
        <script type = "text/javascript">
            var str;
            document.writeln("定义的 str 类型为:" + typeof str + "<br>");
            document.write("它的值为:" + str + "<br>");
            document.writeln("未定义的 arr 类型为:" + typeof arr);
            document.write("它的值为:" + arr);
        </script>
    </head>
    <body>
    </body>
</html>
```

例 6-6 的运行效果如图 6-8 所示。

从结果可以看出，对于尚未声明的变量可以使用 typeof 操作符检测其数据类型。返回值也为 undefined 值，和定义后未初始化或赋值的变量相同。

4. Null 类型

该类型同 undefined 类型类似，也仅有一个 null 值，null 代表一个空对象指针，所以使用 typeof 检测会返回 object。如果定义的变量准备用于保存对象，那么最好将该变量初始化为 null，而不是其他值。这样，直接检查 null 值就可以判断相应的变量是否已经保存了一个对象的引用。

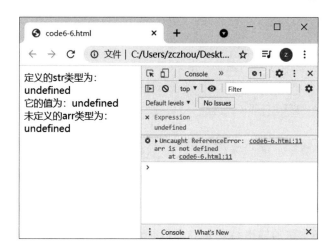

图 6-8　code 6-6

5. String 类型

在 JavaScript 中,字符串类型的变量可以使用(" ")或(' ')括起来的 0 个或多个字符序列,下列写法均有效。

```
var str = 'hello JavaScript';
var nstr = "hello JavaScript";
```

但是要注意,当同时出现双引号或单引号时会引起冲突。

事实上,Number、Boolean 和 String 是 ECMAScript 中的三个特殊的引用类型,与其他引用类型类似的是,它们也包含了各自的方法以及一些共有属性,相关内容会在后续小节中介绍。

6.2.2　变量

JavaScript 是弱类型语言,与其他强类型语言不同的是,它的类型是松散的,因此变量仅是特定时间用于保存特定值的一个名字,并且定义变量时无须指定何种类型,变量的值甚至类型都可以改变。但是按照以往编程的经验来看,变量本身被定义时是有其逻辑含义的,如定义 radius 变量代表圆的半径,那么若将变量的值改为字符串类型显然也是不合适的。因此,在合适的场景运用规则是尤为必要的。

定义变量可使用 var 关键字,用法如下。

```
var str = '';        //也可以不使用 var,直接通过 str = '';完成定义,但不推荐。
```

与其他语言类似的是,根据作用范围的不同,可以将变量分为全局变量和局部变量。在脚本的生命周期内都有效的可以称为全局变量;函数内定义的变量称为局部变量。值得注意的是,JavaScript 中的变量作用域不同于其他语言存在块范围(从定义开始到销毁是整个块范围)。

【**例 6-7**】　code 6-7。

```
<! DOCTYPE html >
< html >
    < head >
```

```
    < meta charset = "utf-8">
    < title > </title >
    < script type = "text/javascript">
        if(1){    var x = 1;    }
        document.write(x);
    </script >
</head >
< body > </body >
</html >
```

例 6-7 在一个 if 语句块中定义了变量 x，在其他 C 语言或 Java 语言中，局部变量 x 会在语句块结束时释放，而本例的输出结果为 1，原因是 if 语句将变量 x 添加到了当前的执行环境（即全局环境）里。在 JavaScript 中，用 var 声明的变量会被添加到最接近的环境中，在函数内部其最接近的环境即函数的局部环境。

【例 6-8】 code 6-8。

```
<! DOCTYPE html >
< html >
    < head >
        < meta charset = "utf-8">
        < script type = "text/javascript">
            var test = "全局变量";
            function fun(){
                document.write(test + "1");
                var test = '局部变量';
                document.write(test + "2");
            }
            fun();
            document.write(test + "3");
        </script >
    </head >
    < body > </body >
</html >
```

例 6-8 的运行结果如图 6-9 所示。

图 6-9 中，后两个分别输出局部变量和全局变量是不难理解的，难点在于第一项输出的 undefined。在 6.2.1 中介绍过，输出 undefined 的情况是变量被定义，但没有赋初值，因此输出 undefined 值的 test 变量并不是全局环境下的 test 变量，而是局部环境下的 test（执行输出时，并没有完成局部变量 test 值的赋予）。

最后需要注意的是，JavaScript 中的变量、函数名和操作符都区分大小写，关键字不能做变量或函数名字。标识符的命名规则如下。

• 第一个字符必须是字母、下划线(_)、美元符号($)。
• 其他字符可以是字母、下划线、美元符号($)或数字。

图 6-9　code 6-8

JavaScript 中常用关键字如表 6-4 所示。

表 6-4　JavaScript 常用关键字

arguments	boolean	break	byte	case
catch	char	const	double	else
eval	float	false	final	finally
interface	in	instanceof	int	switch
this	typeof	var	void	true

注：由于篇幅关系，这里仅列举部分关键字。

6.2.3　运算符

使用运算符处理 JavaScript 中的数据，常见的运算符包括算术运算符、赋值运算符、关系运算符等，具体如表 6-5 所示。

表 6-5　JavaScript 运算符

运算符类型	类别
算术运算符	＋(加)、－(减)、×(乘)、/(除)、%(取余)、＋＋(累加)、－－(累减)
赋值运算符	＝(赋值)、＋＝(加赋值)、－－＝(减赋值)、×＝(乘赋值)、/＝(除赋值)、%＝(取余赋值)
关系运算符	＞(大于)、＜(小于)、＝＝(等于)、!＝(不等于)、＞＝(大于等于)、＜＝(小于等于)、!＝＝(严格不等于，比较类型和值)、＝＝＝(严格等于，比较类型和值)
逻辑运算符	&&(与)、‖(或)、!(非)
字符串运算符	＋
条件运算符	?　　　:　(唯一的三目运算符)
逗号运算符	,
typeof 运算符	typeof 判断某个变量的数据类型
instanceof 运算符	instanceof 判断某个变量是否是指定类的实例
位运算符	&(按位与)、|(按位或)、~(按位非)、^(按位异或)、<<(左移)、>>(右移)

JavaScript 中大部分运算符的作用与其他语言类似。

1. 算术运算符

'＋'运算符在 JavaScript 中的用法类似于其他面向对象语言，在进行变量运算时取决于变量的类型。数字字符串和数值相加时,数值自动转为字符串后再运算;相减时,字符串自动转为数值后再运算。示例如下。

```
< script type = "text/javascript">
    var a = 5;
    var b = a + 5;
    var c = a - 5;
    document.write(b + "< br >"); //10
    document.write(c); //0
</script >
```

2. ==和===的区别

在 JavaScript 中,===与==是不同的,区别在于以下两点。

- == :先进行类型转换,然后比较类型和值(值相等,类型不同,也为 true)。
- === :不进行类型转换,比较类型和值(值相等,类型相同,才为 true)。

示例如下。

```
< script type = "text/javascript">
    console.log(1 == '1'); //true
    console.log(5 === '5'); //false
</script >
```

!=与!==的情况与上述类似。

关系运算符也可以比较字符串,规则是按照字母的 Unicode 值进行比较,若第一个字母相同,则进行第二个字母的比较,依次类推。示例如下。

```
< script type = "text/javascript">
    if('ab'<'bc')
        alert(1); //1
</script >
```

6.2.4 流程控制

ECMAScript 中也规定了流程控制语句,与其他语言类似的是,JavaScript 中的程序结构也分为顺序结构、选择结构与循环结构。顺序结构是较为简单的程序设计结构,自上而下按照逻辑关联编写和执行,本节介绍选择结构和循环结构,并着重说明与其他语言在用法上的区别。

1. 选择结构

在选择结构中,常用的语句包括以下四种。

- if 语句:只有当指定条件为 true 时,使用该语句来执行代码。
- if...else 语句:当条件为 true 时执行代码,当条件为 false 时执行其他代码。
- if...else if....else 语句:使用该语句来选择多个代码块之一执行。
- switch 语句:使用该语句来选择多个代码块之一执行。

【例 6-9】　code 6-9。

```html
<! DOCTYPE html >
< html >
    < head >
        < meta charset = "utf-8">
        < title ></title >
    </head >
    < body >
        < form >
            < input type = "text" id = "n1" value = "" />
            < select id = "oper">
                < option value = " + ">+</option >
                < option value = " - ">-</option >
                < option value = " * ">*</option >
                < option value = "/">/</option >
            </select >
            < input type = "text" id = "n2" value = "" />
            < input type = "button" value = " = " onclick = "equal()"/>
            < input type = "text" id = "result" value = "" />
        </form >
    </body >
    < script type = "text/javascript">
        function equal(){
            var on1 = parseFloat(document.getElementById('n1').value);
            var on2 = parseFloat(document.getElementById('n2').value);
            var oper = document.getElementById('oper');
            var oresult = document.getElementById('result');
            if(!isNaN(on1)&&!isNaN(on2)){
                switch(oper.value){
                    case'+':oresult.value = on1 + on2;break;
                    case'-':oresult.value = on1 - on2;break;
                    case'*':oresult.value = on1 * on2;break;
                    case'/':oresult.value = on1 / on2;break;
                    default:;
                }
            }
            else
                alert("请在文本框中输入数字");
        }
    </script >
</html >
```

为了方便演示效果,例 6-9 并没有使用 prompt 函数用以获取输入数据,而是使用了文本框,其中 document.getElementById 函数的作用是通过 HTML 元素的 id 属性定位元素,这是 JavaScript 中类似于 CSS 的选择器一样的做法。确定了元素后,便可以访问其属性,文本框中的内容是存放在 value 属性中的,所以例中分别获取了两个文本框和下拉列表中的值,isNaN 函数用于判断变量是否是数字类型,使用该方法做判断是为了避免用户输入数字以外的数据,程序运行结果如图 6-10 所示。

图 6-10　code 6-9(1)

当在文本框中输入异常数据后的运行效果如图 6-11 所示。

图 6-11　code 6-9(2)

其实,JavaScript 中的 eval 函数可以直接计算包含算式的字符串,所以例 6-9 中的整个 switch 语句块可以换成下面这条语句,使整个程序更简洁。

```
oresult.value = eval(on1.value + oper.value + on2.value);
```

2. 循环结构

JavaScript 中的循环语句可用以下四种形式。
- while:前测循环。即先判断循环条件,后执行循环体。
- do-while:后测循环。即先执行循环体,后判断循环条件。
- for:前测循环。表达式 1 用于初始化,表达式 2 用于判断循环条件,表达式 3 可以设置每次循环后要执行的语句。
- for in:用于循环遍历对象的属性,具体用法见 7.3 节中的"Array 对象"内容。

【例 6-10】　code 6-10。

```
<!DOCTYPE html>
<html>
    <head>
```

```
< meta charset = "utf-8">
< style type = "text/css">
    button{
        background-color: cornflowerblue;
        color: white;
        font-size: 20;
        padding: 10px 20px;
    }
</style>
</head>
<body>
    <script type = "text/javascript">
        var count = parseInt(prompt("请输入页面中显示的按钮个数"));
        if(!isNaN(count)){
            for(var i = 1;i <= count;i++){
                var temp = "< button >" + i + "</button >"
                document.write(temp);
            }
        }
    </script>
</body>
</html>
```

例 6-10 的运行效果如图 6-12 和图 6-13 所示。

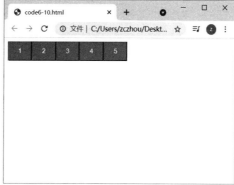

图 6-12　code 6-10(1)　　　　　　　图 6-13　code 6-10(2)

6.2.5　函数

在 JavaScript 中,定义函数需要使用 function 关键字,其后要紧跟函数名、参数列表和函数体。JavaScript 对大小写敏感,关键词 function 必须小写,且声明函数时无须指定函数类型,语法规则如下所示。

```
function 函数名(参数列表){
    //函数体;
}
```

这里需要注意的是,函数的形参无须指定类型,如下所示。

```
function show(name,age){
    alert("用户的姓名是:" + name + "年龄是:" + age);
}
```

函数的调用须使用函数名,且大小写必须一致。若包含参数,则应在调用时指定传入参数(参数间用逗号间隔),如下所示。

```
show("LiMing",20);
```

变量的传递顺序要与形参对应的顺序一致,即第一个变量就是第一个被传递的参数的给定值,依次类推。

JavaScript 定义函数无须声明类型,但却同其他语言一样,可以使用 return 语句将值返回到函数调用位置,且使用 return 语句后,函数会停止执行。这里要注意的是,一旦执行了return 语句,后续的语句都将不被执行。如下所示。

```
function Max(a,b){
    if(a > b)
        return a;
    else
        return b;
}
```

示例中的函数可以返回两个变量中的较大者,如下所示。

```
var temp = Max(3,5);
```

除了单独调用函数外,还可以在表达式中调用函数,如示例中 temp 变量将接收从 Max 函数返回的结果,即数字 5。另外,return 语句也可以不带有任何返回值,此时若 return 语句被执行,函数将返回 undefined 值。

JavaScript 中的函数无法重载。所谓重载,是指定义多个同名函数,且各函数间参数个数或参数类型不同。在调用时,编译器会自动选择与传入参数列表一致的函数,而在ECMAScript 中若定义多个同名函数,后定义的函数总会覆盖前面定义的同名函数,调用时,也仅调用最后定义的同名函数。

【例 6-11】　code 6-11。

```
<! DOCTYPE html >
< html >
    < head >
        < meta charset = "utf-8">
        < title ></title >
        < script type = "text/javascript">
```

```
        function max(a,b){
            if(a>b)
                document.write("调用了两个参数的 max,最大值为"+a);
            else
                document.write("调用了两个参数的 max,最大值为"+b);
        }
        function max(a,b,c){
            if(a>b){
                if(a>c)
                    document.write("调用了三个参数的 max,最大值为"+a);
                else
                    document.write("调用了三个参数的 max,最大值为"+c);
            }
            else{
                if(b>c)
                    document.write("调用了三个参数的 max,最大值为"+b);
                else
                    document.write("调用了三个参数的 max,最大值为"+c);
            }
        }
        max(1,3);
        function max(){
            document.write("仅做测试使用");
        }
    </script>
</head>
<body>
</body>
</html>
```

例 6-11 的运行效果如图 6-14 所示。

图 6-14 code6-11

从上图可以看到,虽然调用 max 函数的语句在最后定义的 max 函数前,但在之前我们了解了 JavaScript 没有块作用域的事实。另外,ECMAScript 规定,函数在调用时,可以传入与函数定义时不同的参数个数,所以答案也就不难理解了。接下来将具体介绍函数的参数。

在 JavaScript 中,函数传入的参数在函数内是用一个数组(有序的元素序列)接收的,而这个数组的长度会随着传入参数的个数而增加,所以不论传入几个参数都是允许的。在函数内部,可以使用 arguments 对象来访问这个参数数组,而 JavaScript 中的数组也比较特殊,体现在序列中存储的各个元素之间的类型允许不同。

【例 6-12】 code 6-12。

```html
<!DOCTYPE html>
<html>
    <head>
        <meta charset = "utf-8">
        <title></title>
        <script type = "text/javascript">
            function max(){
                var temp = arguments[0];
                for(var i = 1;i< arguments.length; ++ )
                {
                    if(temp < arguments[i])
                        temp = arguments[i];
                }
                return temp;
            }
            document.write(max(1,3.14,5,99)); //输出 99
        </script>
    </head>
    <body> </body>
</html>
```

在例 6-12 中,传入 max 函数的参数类型不同,但是并不影响结果的执行,这种数组的用法虽然方便,但是也增加了错误发生的可能,使用时要更加谨慎。

6.3 事 件

JavaScript 与 HTML 间的交互是通过事件来实现的,可以将事件理解为是一种用户通过输入设备对浏览器完成或者浏览器自身的特定交互方式,事件多发生在具体的 HTML 元素上,如鼠标单击某个按钮、获取某个 HTML 元素的焦点或按下了键盘按键等。同时,我们还会提前设置事件对应的响应函数以完成交互需要。可以通过以下两种方式触发事件并对对应元素完成响应。

- 通过设置 HTML 元素的事件属性,进而调用响应函数或者直接执行 JavaScript 代码。
- 在 JavaScript 定位某个元素,并设置元素的事件和响应函数。

【**例 6-13**】 code 6-13。

```
<! DOCTYPE html>
<html>
    <head>
        <meta charset = "utf-8">
        <title></title>
        <script type = "text/javascript">
            function fun(){
                alert("您单击的 1 号按钮");
            }
            window.onload = function(){
                var obtn = document.getElementById('btn');
                obtn.onclick = function(){
                    alert("您单击了 2 号按钮");
                };
            }
        </script>
    </head>
    <body>
        <button onclick = "fun()">1 号</button>
        <button id = "btn">2 号</button>
    </body>
</html>
```

例 6-13 的运行结果如图 6-15 所示。

图 6-15 code 6-13

本例中使用了 onload 事件,该事件是浏览器自身完成了加载,此处使用该事件的原因在于脚本位置在 2 号 button 之前,因按钮还没有被加载出来,若此时使用 document. getElementById()方法,则是无法定位的。关于该问题,建议读者修改脚本代码自行测试。

部分鼠标事件介绍如表 6-6 所示。

表 6-6 **JavaScript 鼠标事件**

事 件	说 明
onclick	鼠标单击事件(作用于某 HTML 元素)
ondblclick	鼠标双击事件(作用于某 HTML 元素)
onmousedown	鼠标按钮被按下(作用于鼠标自身)
onmouseenter	当鼠标指针移动到元素上时触发(作用于某 HTML 元素)
onmouseleave	当鼠标指针移出元素时触发(作用于某 HTML 元素)
onmousemove	鼠标被移动(作用于鼠标自身)
onmouseover	鼠标移到某元素之上(作用于某 HTML 元素)
onmouseout	鼠标从某元素移开(作用于某 HTML 元素)
onmouseup	鼠标按键被松开(作用于某 HTML 元素)
oncontextmenu	在用户点击鼠标右键打开上下文菜单时触发(作用于鼠标自身)

由表 6-6 可以看出,onmouseenter/onmouseleave 与 onmouseover/onmouseout 事件类似,它们的主要区别在于前两者不支持事件冒泡。所谓事件冒泡,是指事件流,即事件开始时由最具体的元素接收,然后逐层向上传播到较为不具体的节点。可简单理解为,当子元素与父元素有相同的事件时,若子元素的事件被触发,父元素的同类事件会因事件冒泡机制而触发,并且向上传递。以下面的结构为例。

```
<body>
    <div id = "outer">
        <div id = "inner"></div>
    </div>
</body>
```

当我们单击了 id 为 inner 的 div 后,单击事件会最先在它身上发生;然后事件会沿着 HTML 结构向上冒泡,也就意味着 id 为 outer 的 div 也会发生单击事件;接着向上传递到 body 元素;最后是 document 对象,关于 document 对象,会在第 8 章具体介绍。下面来看一个更为具体的样例。

【例 6-14】 code 6-14。

```
<!DOCTYPE html>
<html>
    <head>
        <meta charset = "utf-8">
        <title></title>
        <style type = "text/css">
            div{
                background-color: coral;
                height: 300px;
                width: 300px;
                margin: 0px auto;
```

```
                position: relative;
            }
            span{
                color: white;
                background-color: cornflowerblue;
                height: 100px;
                width: 100px;
                position: absolute;
                right: 0px;
                left: 0px;
                top: 0px;
                bottom: 0px;
                margin: auto auto;
            }
        </style>
    </head>
    <body>
        <div onclick = "javascript:alert('div')">
            <span onclick = "javascript:alert('span')">
                <h3>点击我测试冒泡机制</h3>
            </span>
        </div>
    </body>
</html>
```

在例 6-14 中,由于 onclick 事件支持冒泡机制,所以我们对 div 和 span 设置了 onclick 事件,单击了内层的 span 标签的运行效果如图 6-16 和图 6-17 所示。

图 6-16　code 6-14(1)　　　　　　　　图 6-17　code 6-14(2)

在 JavaScript 中,当用户操作键盘时,可以触发键盘事件,键盘事件主要包括以下三种类型。

• onkeydown:某个键盘按键被按下。如果一直按下未松开,则会不断触发该事件。

- onkeyup:某个按键被松开。
- onkeypress:某个按键被按下并松开。同 onkeydown,不松开会持续触发。

【例 6-15】 code 6-15。

```html
<! DOCTYPE html>
<html>
    <head>
        <meta charset = "utf-8">
        <title></title>
        <style type = "text/css">
            #inner{
                background-color: cornflowerblue;
                height: 50px;
                width: 50px;
                margin: 200px auto;
            }
        </style>
        <script type = "text/javascript">
            window.onkeydown = function(){
                var odiv = document.getElementById('inner');
                var oloc = document.getElementById('oloc');
                var addloc = 30;
            switch(event.keyCode){
                case 38:odiv.style.marginTop = odiv.offsetTop - addloc + 'px';break;
                case 40:odiv.style.marginTop = odiv.offsetTop + addloc + 'px';break;
                case 37:odiv.style.marginLeft = odiv.offsetLeft - addloc + 'px';break;
                case 39:odiv.style.marginLeft = odiv.offsetLeft + addloc + 'px';break;
                default:;
                }
            }
        </script>
    </head>
    <body>
        <div id = "inner"></div>
    </body>
</html>
```

例 6-15 使用了 DOM 中的部分内容,这里简单解释其用法。style 是 HTML Element 的一个属性,代表其 CSS 样式,对应的 marginTop 和 marginLeft 不难理解,而 offsetTop 也是 Element 的一个属性,代表其 Top 值(具体数值)。在 JavaScript 中,数字和字符串做加法会自动将数值转换成字符串处理,具体内容详见第 7 章。通过按键盘的上、下、左、右键,对应的 keyCode 值分别是 38、40、37 和 39。浏览网页后,按下左、右键后的效果如图 6-18 和图 6-19 所示。

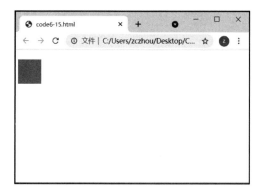

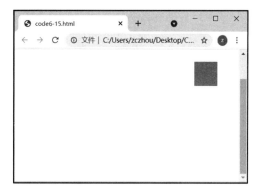

图 6-18　code 6-15(1)　　　　　　　　　图 6-19　code 6-15(2)

对表单元素操作同样可以触发表单事件。事实上,表单事件应用相对更多,具体事件如下。

- onblur:元素失去焦点时触发。
- onchange:在表单元素内容改变时触发(<input>,<keygen>,<select>和<textarea>)。
- onfocus:元素获取焦点时触发。
- onfocusin:元素即将获取焦点时触发。
- onfocusout:元素即将失去焦点时触发。
- oninput:元素获取用户输入时触发。
- onreset:表单重置时触发。
- onsearch:用户向搜索域输入文本时触发(<input="search">)。
- onselect:用户选取文本时触发(<input>和<textarea>)。
- onsubmit:表单提交时触发。

【例 6-16】　密码验证 code 6-16。

```
<!DOCTYPE html>
<html>
<head>
    <meta charset = "UTF-8">
    <title></title>
    <style>
        div{
                margin:0px auto;
                width: 500px;
        }

        td.left{
                width: 400px;
        }
        input[type = text],input[type = password]{
                padding: 6px 10px;
```

```
                box-sizing: border-box;
                width: 100%;
                margin: 10px 0px;
        }
        input.btn{
                background-color: cornflowerblue;
                color: white;
                width: 40%;
                padding: 5px 20px;
                font-size: 20px;
        }
    </style>
    <script type = "text/javascript">
        function check(){
                var opsd = document.getElementById('psd');
                var orpsd = document.getElementById('rpsd');
                var oshow = document.getElementById('show');
                if(opsd.value == orpsd.value){
                        oshow.innerHTML = "<font color='seagreen' size='2'>两次密码一致</font>";
                }
                else
                        oshow.innerHTML = "<font color='orangered' size='2'>两次密码不一致</font>";
        }
    </script>
</head>
<body>
    <div>
    <form action = "" method = "post">
    <table>
        <tr>
                <td class = "left">账号:</td>
                <td></td>
        </tr>
        <tr>
                <td class = "left"><input type = "text" id = "user" name='user'></td>
                <td></td>
        </tr>
        <tr>
                <td class = "left">密码:</td>
                <td></td>
        </tr>
        <tr>
```

```
            <td class = "left"> < input type = "password" id = "psd" name ='psd> </td>
            <td > </td>
        </tr>
        < tr >
            < td class = "left">确认密码:</td>
            <td > </td>
        </tr>
        < tr >
            < td class = "left"> < input type = "password" id = "rpsd" name ='rpsd' onblur = "
check()"></td>
            < td id = "tips"> < span id = "show"></span></td>
        </tr>
        < tr >
            < td class = "left" align = "center">
                < input type = "submit" value = "Submit" class = "btn"/>
                < input type = "reset" value = "Reset" class = "btn"/>
            </td>
            < td >
            </td>
        </tr>
    </table>
    </form>
    </div>
</body>
</html>
```

例 6-16 的运行效果如图 6-20 所示。

图 6-20 确认密码验证 code 6-16

由于篇幅有限,最后介绍一些窗口事件、粘贴复制和媒体事件等,具体如下。

- onscroll:当文档被滚动时发生的事件。
- onload:一张页面或一幅图像完成加载。

- oncopy：在用户拷贝元素内容时触发。
- oncut：在用户剪切元素内容时触发。
- onpaste：在用户粘贴元素内容时触发。
- onpause：在视频/音频（video/audio）暂停时触发。
- onplay：在视频/音频（video/audio）开始播放时触发。
- onresize：窗口或框架被重新调整大小。
- ondrag：在元素正在拖动时触发。
- ondragend：在用户完成元素的拖动时触发。
- ondragenter：在拖动的元素进入放置目标时触发。

在 JavaScript 函数中，除了包含一个隐藏的 arguments 参数外，还有两个比较常用的局部变量，分别是 event 和 this。event 就是我们本节讨论的事件的引用，它包含一些常用的属性，如表 6-6 所示。

表 6-6　事件属性

事　件	说　明
button	返回当某个事件被触发时，鼠标的哪个键被按下。常用于左右键判定
Location	返回按键在设备上的位置
key	在按下按键时返回按键的标识符
keyCode	返回 onkeypress 事件触发的按键值的字符代码
screenX	返回当某个事件被触发时，鼠标指针的水平坐标
screenY	返回当某个事件被触发时，鼠标指针的垂直坐标
clientX	返回当事件被触发时，鼠标指针的水平坐标
clientY	返回当事件被触发时，鼠标指针的垂直坐标

【例 6-17】　code 6-17。

```
<! DOCTYPE html>
<html>
    <head>
        <meta charset = "utf-8">
        <title></title>
        <script type = "text/javascript">
            function check(){   alert(event.type);   }
        </script>
    </head>
    <body>
        <button type = "button" onclick = "check()">测试事件类型</button>
    </body>
</html>
```

单击例 6-17 中的按钮会弹出提示,如图 6-21 所示。

图 6-21　code 6-17

如果学过其他面向对象语言的话,和其他语言类似的是 this 关键字在 JavaScript 中指的是它所属的对象,但是也有部分不同之处,这取决于 this 使用的位置。具体如下。

- 在事件中使用 this,指的是接收当前事件的元素,类似下面的用法。

```
< input type = "text" name = "" id = "" value = "" onblur = "fun(this.value)" />
```

若该文本框失去了焦点,则会将文本框的值作为参数传入 fun 函数中。

- 在函数中使用 this 或全局下使用 this,其指代全局对象,即 window 对象,将在第 7 章 BOM 部分详细介绍。用法示例如下。

```
var x = this; //this 指向 window 对象
```

- 若某个函数中含有 this,且该方法被非 window 对象所调用,则 this 指向当前调用方法的对象,详见例 6-18。

通过 this,可以让 JavaScript 的程序设计变得简单,下面来看一个计算机的样例。

【例 6-18】 计算器 code 6-18。

```
<! DOCTYPE html >
< html >
    < head >
        < meta charset = "utf-8">
        < title ></ title >
        < style type = "text/css">
            div{
                width:180px;
            }
            .btn{
                width:30px;
            }
```

```html
        </style>
    </head>
    <body>
        <div>
            <input type = "text" id = "show" size = "20">
            <br>
            <input type = "button" value = "1" class = "btn" onclick = "Result(this.value)">
            <input type = "button" value = "2" class = "btn" onclick = "Result(this.value)">
            <input type = "button" value = "3" class = "btn" onclick = "Result(this.value)">
            <input type = "button" value = "re" class = "btn" onclick = " ">
            <br>
            <input type = "button" value = "4" class = "btn" onclick = "Result(this.value)">
            <input type = "button" value = "5" class = "btn" onclick = "Result(this.value)">
            <input type = "button" value = "6" class = "btn" onclick = "Result(this.value)">
            <input type = "button" value = "C" class = "btn" onclick = " ">
            <br>
            <input type = "button" value = "7" class = "btn" onclick = "Result(this.value)">
            <input type = "button" value = "8" class = "btn" onclick = "Result(this.value)">
            <input type = "button" value = "9" class = "btn" onclick = "Result(this.value)">
            <input type = "button" value = "0" class = "btn" onclick = "Result(this.value)">
            <hr>
            <input type = "button" value = " + " class = "btn" onclick = "Result(this.value)">
            <input type = "button" value = " - " class = "btn" onclick = "Result(this.value)">
            <input type = "button" value = " * " class = "btn" onclick = "Result(this.value)">
            <input type = "button" value = "/" class = "btn" onclick = "Result(this.value)">
            <input type = "button" id = "btn_equal" value = " = " class = "btn">
        </div>
    </body>
    <script type = "text/javascript">
        var otext = document.getElementById('show');
        var obtn_equal = document.getElementById('btn_equal');
        function Result(temp){
            otext.value + = temp;
        }
        obtn_equal.onclick = function(){
            otext.value = eval(otext.value);
        }
    </script>
</html>
```

例 6-18 的运行效果如图 6-22 所示。

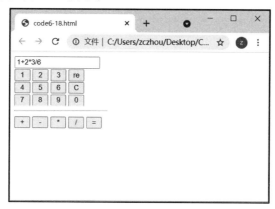

图 6-22　计算器

本 章 小 结

1. ECMAScript 规定了 JavaScript 语言的组成部分：语法、类型、语句、关键字、保留字、操作符、对象等。它与 Web 浏览器之间没有依赖关系。

2. JavaScript 不同于一些编译性的语言（如 C、C++等），它是一种解释性的语言，其源代码不需要经过编译，而是在浏览器运行时被解释。

3. 使用 JavaScript 的方式与 CSS 类似，可以在事件中绑定 JavaScript 代码，也可以采用内部脚本编辑或者以外部脚本的方式引入。

4. JavaScript 中的数据类型主要分为基础数据类型和引用型数据类型。

5. 变量的使用要注意作用域问题，JavaScript 中的变量没有块范围。

6. 不同于其他语言，JavaScript 中的部分运算符在处理不同类型的变量上有不同的表现。

7. 在 JavaScript 中，函数的参数个数可以不受限制，无法进行重载设计，重复定义的结果仅是最后一次定义的同名函数生效。

8. JavaScript 中的事件主要分为鼠标事件、键盘事件、表单事件、浏览器事件等。

练 习 题

1. 请观察以下程序，并解释单击无法弹出警告框的原因。

```
<!DOCTYPE html>
<html>
    <head>
        <meta charset = "utf-8">
        <title></title>
        <script type = "text/javascript">
            var obtn = document.getElementById('btn');
            obtn.onclick = function(){
                alert("Hello JavaScript!");
```

```
            }
        </script>
    </head>
    <body>
        <button id = "btn">弹框</button>
    </body>
</html>
```

2. 请通过访问外部脚本的方式，实现单击页面按钮后弹出显示 Hello JavaScript! 的警告框。

3. 简述 JavaScript 中的循环结构并解释它们之间的区别。

4. 什么是"事件"？请说出五种你了解的 JavaScript 事件。

5. ==与===之间有什么区别？请尝试编写程序验证。

6. 请将例 6-18 中的 C 按钮和 Re 按钮功能实现，其中 C 按钮用于清空文本框中的算式，Re 按键用于返回按下 C 键或=键之前的算式，并将其显示在文本框中。

第 7 章 JavaScript 对象

JavaScript 类似于其他面向对象语言,在环境中,一切皆可看作对象,但是它并不包含传统面向对象语言中类和接口等结构。JavaScript 是允许自定义对象的。另外,为了方便开发 JavaScript 程序,ECMAScript 中提供了很多原生的引用类型,本章将具体介绍 JavaScript 自定义对象和引用类型的用法。

7.1 自定义对象

JavaScript 中允许创建自定义对象,但在了解创建方法之前,我们先认识一下引用类型。引用类型是一种数据结构,它将数据和方法整合,虽然看起来与类的概念非常相似,但是并不相同,所以常称 JavaScript 是一种基于对象的语言。

JavaScript 中的对象拥有属性和方法,且是某个引用类型的实例。如果读者学习过 Java 的话,可能会了解到 Object 是所有类的父类。类似地是,在 JavaScript 中也存在 Object 类型,我们看到的大多数对象都来自它,原因在于这些对象会从 Object.prototype 继承属性和方法。

创建自定义对象的方式主要有两种,具体如下。

(1) 使用 new 操作符并结合 Object 构造函数自构造对象。

构造函数是一种特殊的函数,其主要作用是用于初始化对象。用法实例如下。

```
var person = new Object();                  //Object()即为构造函数
```

虽然 Object 类型本身属性和方法在面对不同问题上会有局限性,但是 ECMAScript 中允许为对象动态添加属性,其做法是直接通过赋值语句实现。

【例 7-1】 code 7-1。

```
<!DOCTYPE html>
<html>
    <head>
        <meta charset = "utf-8">
        <title></title>
        <script type = "text/javascript">
            var person = new Object();
            person.name = 'zhang';              //name 属性不存在则添加,存在则覆盖
            person.age = 19;
            person.show = function(){
                document.write("姓名:" + this.name + ", 年龄:" + this.age);
```

```
            }
            person.show();
        </script>
    </head>
    <body>
    </body>
</html>
```

例 7-1 的运行效果如图 7-1 所示。

图 7-1　code 7-1

（2）利用对象字面量创建对象。

对象字面量定义法是定义对象的一种简写形式，当对象包含大量属性时，可以简化创建过程，将例 7-1 采用字面量表示法如下。

```
< script type = "text/javascript">
    var person = {
        name : "zhang",
        age : 19,
        show : function(){
            document.write("姓名:" + this.name + ", 年龄:" + this.age);
        }
    }
    person.show();
</script>
```

需要注意的是，使用字面量表示法时，除最后一项属性外，其他间隔都使用逗号。

7.2　String 对象

字符串是由零个或多个字符组成的字符序列，而字符串对象可以理解为 JavaScript 中字符串的一种包装类型，创建方式如下。

```
var str = new String("hello");
```

除字符串类型外,数字类型和布尔类型都有其对应的包装类,且可以使用 ECMAScript 提供的方法。字符串类型和字符串对象间无须转换,皆可使用提供的方法。

1. length 属性

JavaScript 中的序列都包含 length 属性,对于 String 对象而言,使用 length 可以得出其包含的字符个数。示例如下。

```
var str = "JavaScript";
document.write(str.length);
```

运行上述语句后,可以得出其长度为 10,也可以利用下标引用字符串对象中的某个字符,示例如下。

```
console.log(str[0]);
```

在 JavaScript 中,字符串对象和其他面向对象语言类似,是一种不可变类型,即无法对字符串对象中的某个字符做修改。示例如下。

```
str[0] = 'a';
console.log(str[0]);
```

执行了示例代码后,输出的结果仍为 J。

若对 str 本身做赋值语句,则会在内存中开辟新的空间,并让 str 引用。

2. 字符串对象方法

String 对象中提供了很多便捷的方法,部分方法如表 7-1 所示。

表 7-1 String 对象方法

方　法	说　明
charAt()	返回字符串对象中指定索引位置处的一个字符
charCodeAt()	返回字符串对象中指定位置处的 Unicode 编码值,介于 0~65 535 间
concat()	连接两个或更多字符串,并返回新的字符串
endsWith()	判断当前字符串是否是以指定的子字符串结尾的(区分大小写)
indexOf()	返回参数中指定字符串的索引值,若出现多次,则返回第一次的索引值,参数 2 可以指定从哪个位置开始
lastIndexOf()	返回一个指定的字符串值最后出现的位置,在一个字符串中的指定位置从后向前搜索
substr()	可在字符串中抽取从 start 下标开始的指定数目的字符
substring()	用于提取字符串中介于两个指定下标之间的字符
split()	把一个字符串分割成字符串数组
replace()	用于在字符串中用一些字符替换另一些字符
toLowerCase()	用于把字符串转换为小写
toUpperCase()	用于把字符串转换为大写

charAt():可返回指定位置的字符。

语法:stringObject. charAt(index)。

注意:字符串中第一个字符的下标是 0。如果参数 index 不在 0 与 string. length 之间,该方法将返回一个空字符串。

【例 7-2】 code 7-2。

```html
<! DOCTYPE html>
<html>
    <head>
        <meta charset = "utf-8">
        <title></title>
        <script type = "text/javascript">
            var str = 'Hello JavaScript! ';
            document.write(str.charAt(1));
        </script>
    </head>
    <body>
    </body>
</html>
```

运行例 7-2 后,将返回结果 e。

charCodeAt():返回指定位置字符的 Unicode 编码。这个返回值是 0~65 535 的整数。

注意:方法 charCodeAt()与 charAt()方法执行的操作相似,只不过前者返回的是位于指定位置的字符的编码,而后者返回的是字符子串。如果 index 是负数,或大于、等于字符串的长度,那么 charCodeAt()返回 NaN。

【例 7-3】 code 7-3。

```html
<! DOCTYPE html>
<html>
    <head>
        <meta charset = "utf-8">
        <title></title>
        <script type = "text/javascript">
            var str = 'Hello JavaScript! ';
            console.log(str.charCodeAt(0));
            console.log(str.charCodeAt( - 1));
        </script>
    </head>
    <body>
    </body>
</html>
```

运行例 7-3 后,将返回结果为 72 和 NaN。

indexOf()：返回某个指定的字符串值在字符串中首次出现的位置。

说明：该方法将从头到尾地检索字符串 stringObject，看它是否含有子串 searchvalue。开始检索的位置在字符串的 fromindex 处或字符串的开头（没有指定 fromindex 时）。如果找到一个 searchvalue，则返回 searchvalue 的第一次出现的位置。stringObject 中的字符位置是从 0 开始的。

如果要检索的字符串值没有出现，则该方法返回-1。

【例 7-4】　code 7-4。

```html
<! DOCTYPE html >
< html >
    < head >
        < meta charset = "utf-8">
        < title > </title >
        < script type = "text/javascript">
                var str = 'Hello JavaScript! ';
                console. log(str. indexOf('Hello'));
                console. log(str. indexOf("javascript"));
        </script >
    </head >
    < body >
    </body >
</html >
```

运行例 7-4 后，将返回结果为 0 和-1。返回-1 的原因在于 indexOf 函数对大小写敏感，所以 javascript 匹配的 JavaScript 失败。

concat()：用于连接两个或多个字符串。

说明：concat()方法将把它的所有参数转换成字符串，然后按顺序连接到字符串 stringObject 的尾部，并返回连接后的字符串。

注意：stringObject 本身并没有被更改。

【例 7-5】　code 7-5。

```html
<! DOCTYPE html >
< html >
    < head >
        < meta charset = "utf-8">
        < title > </title >
        < script type = "text/javascript">
                var str1 = "hello ";
                var str2 = 'JavaScript! ';
                console. log(str1.concat(str2));
                console. log(str1);
        </script >
    </head >
    < body >
    </body >
</html >
```

例 7-5 的运行结果如图 7-2 所示。

图 7-2　code 7-5

substr()：可在字符串中抽取从 start 下标开始的指定数目的字符。

语法：stringObject.substr(start,length)。

说明：返回值包含从 stringObject 的 start（包括 start 所指的字符）处开始的 length 个字符。如果没有指定 length，那么返回的字符串包含从 start 到 stringObject 的结尾的字符。

【例 7-6】　code 7-6。

```
<! DOCTYPE html >
< html >
    < head >
        < meta charset = "utf-8">
        < title ></title >
        < script type = "text/javascript">
                var str = 'Hello JavaScript! ';
                console. log(str.substr(3));
                console. log(str.substr(3,7));
        </ script >
    </ head >
    < body >
    </ body >
</ html >
```

例 7-6 的运行结果如图 7-3 所示。

split()：用于把一个字符串分割成字符串数组。若对数组不了解，可以先参看 7.3 节内容。

语法：stringObject.split(separator,howmany)。其中，separator 是必传参数，可以是字符串或正则表达式（正则表达式是由一个字符序列形成的搜索模式）；howmany 是可选的传入参数，可指定返回数组的最大长度。

图 7-3　code 7-6

该函数的返回值为一个字符串数组。该数组是通过在 separator 指定的边界处将字符串 stringObject 分割成子串创建的。返回的数组中的字串不包括 separator 自身。

说明:①如果把空字符串("")用作 separator,那么 stringObject 中的每个字符之间都会被分割。②String. split() 执行的操作与 Array. join() 执行的操作是相反的。

【例 7-7】　code 7-7。

```html
<! DOCTYPE html>
<html>
    <head>
        <meta charset = "utf-8">
        <title></title>
        <script type = "text/javascript">
            var str = '1,2,3,4,5';
            console.log(str.split(','));
            console.log(str.split(/[^0 - 9]/));        //正则表达式,匹配非数字字符
            console.log(str.split(""));
            console.log(str.split(",2));
        </script>
    </head>
    <body>
    </body>
</html>
```

例 7-7 的运行结果如图 7-4 所示。

replace():在字符串中用一些字符替换另一些字符。

语法:stringObject. replace(substr/regexp,replacement),其中第一个参数是必须传入的,可以是一个子串或正则表达式;第二个参数也是必须传入的参数,代表替换的字符串值。

该函数的返回值是用 replacement 替换 substr/regexp 的第一次匹配之后得到的新串。与该方法类似的还有 replaceall() 函数,该函数可以将所有匹配的子串替换掉。

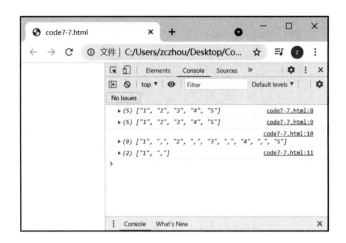

图 7-4　code 7-7

【**例 7-8**】　code 7-8。

```
<! DOCTYPE html>
<html>
    <head>
        <meta charset = "utf-8">
        <title></title>
        <script type = "text/javascript">
            var str = 'Hello JavaScript! ';
            console.log(str.replace('l','@'));
            console.log(str);
            console.log(str.replaceAll('l','#'));
            console.log(str);
        </script>
    </head>
    <body>
    </body>
</html>
```

例 7-8 运行后的结果如图 7-5 所示。

注意:replace 和 replaceAll 方法均不会对原串产生影响。

toLowerCase()用于把字符串转换为小写,toUpperCase()用于把字符串转换为大写。两个方法均不影响原字符串对象,而是产生修改后的副本。

【**例 7-9**】　code 7-9。

```
<! DOCTYPE html>
<html>
    <head>
        <meta charset = "utf-8">
```

```
        <title></title>
        <script type = "text/javascript">
            var str = 'Hello JavaScript! ';
            console. log(str.toUpperCase());
            console. log(str.toLowerCase());
            console. log(str);
        </script>
    </head>
    <body>
    </body>
</html>
```

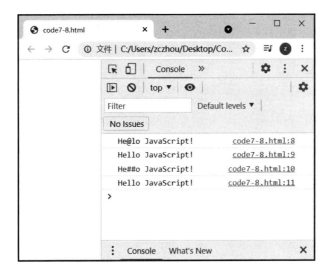

图 7-5　code 7-8

例 7-9 运行后的结果如图 7-6 所示。

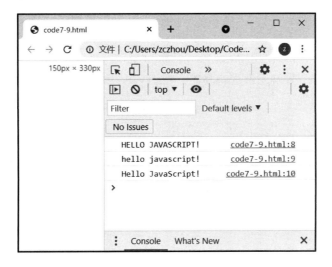

图 7-6　code 7-9

7.3 Array 对象

Array 对象使用了独立的变量名称结合下标来引用一组序列值，可以通过以下方式创建数组。

- 使用 Array 构造函数。

虽然 JavaScript 中无重载函数，但传递到 Array 构造函数中不同个数和不同类型的参数时，得到的结果是不同的。示例如下。

```javascript
< script type = "text/javascript">
    var arr1 = new Array(5);
    var arr2 = new Array('a');
    var arr3 = new Array(1,2,3,4);
    console.log(arr1);          //长度为 5 的空数组
    console.log(arr2);          //长度为 1,数组第一项值为 a
    console.log(arr3);          //长度为 4,数组值依次为 1,2,3,4,
</script>
```

- 数组字面量表示。

数组字面量表示法更简洁，使用一对[]来表示数组。示例如下。

```javascript
< script type = "text/javascript">
    var arr1 = [];
    var arr2 = ['a'];
    var arr3 = [1,2,3,4];
    console.log(arr1);
    console.log(arr2);
    console.log(arr3);
</script>
```

从示例可以看到，通过 console.log 方法可以对数组整体输出。事实上，其他输出方法也能做到。

输出数组中的元素可以使用"数组名＋下标"的形式，起始元素下标为 0。数组是一种可变类型，因此可以对某个数组元素重新复制。在 JavaScript 中，数组中各个元素的类型可以不相同，也可以相同。示例如下。

```javascript
< script type = "text/javascript">
    var arr = [1,'a',2,'b'];
    console.log(arr[0]);        //输出 1
    arr[0] = [1,2,3];           //第一个元素值修改为数组对象
    console.log(arr);           //结果[[1,2,3], "a", 2, "b"]
</script>
```

注意：即便修改了 arr[0]为一个新的数组对象，arr 数组的长度仍为 4。

下面介绍数组的属性和方法。

1. length 属性

事实上,length 属性并不是只读形式的,且由于字符串类型不可变,而数组类型可变,我们可以通过 length 属性动态修改数组长度。

【例 7-10】 code 7-10。

```html
<!DOCTYPE html>
<html>
    <head>
        <meta charset = "utf-8">
        <title></title>
        <script type = "text/javascript">
            var str = 'abc';
            str.length = 100;
            console.log(str.length);          //仍为 3
            var arr = [1,2,3,4,5];
            arr.length = 10;
            console.log(arr);
            arr.length = 3;
            console.log(arr);
            arr.length = 5;
            console.log(arr);
        </script>
    </head>
    <body>
    </body>
</html>
```

例 7-10 的运行结果如图 7-7 所示。

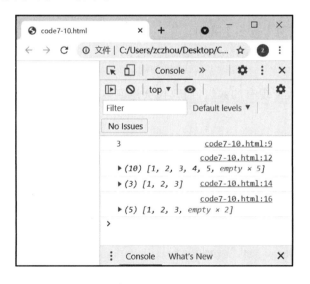

图 7-7　code 7-10

从图 7-7 中可以看到,用 length 属性将数组长度截短再恢复长度后,原本被截掉的元素值会消失。另外,Array 对象是一个可变长度的序列,其长度会随着赋值发生变化。示例如下。

```
<script type = "text/javascript">
    var arr = [1,2,3];
    arr[10] = 0;
    console.log(arr.length);          //长度为 11
</script>
```

值得注意的是,如果对数组中没有赋初值的元素输出,会得到 undefined 值。

2. Array 对象方法

Array 对象中提供了很多便捷的方法,部分方法如表 7-2 所示。

表 7-2 Array 对象方法

方　　法	说　　明
concat()	连接两个或多个数组,并返回新数组
join(arr)	把数组中的所有元素放入字符串中,数组元素可以通过分隔符处理合并结果
shift()	删除并返回数组的第一个元素
pop()	删除并返回数组的最后一个元素
push()	向数组末尾添加一个新元素,并返回数组长度
reverse()	翻转数组
slice()	从数组中返回选定的元素
sort()	对数组排序
splice()	删除元素,并向数组添加新元素
indexOf()	搜索数组中的元素,并返回它所在的位置
map()	通过指定函数处理数组的每个元素,并返回处理后的数组

concat():用于连接两个或多个数组。

语法:arrayObject.concat(arrayX,arrayX,...,arrayX),参数可以是具体值也可以是数组。

注意:该方法不会改变现有的数组,而仅仅会返回被连接数组的一个副本。

【例 7-11】 code 7-11。

```
<!DOCTYPE html>
<html>
    <head>
        <meta charset = "utf-8">
        <title></title>
        <script type = "text/javascript">
            var arr = [1,2,3];
            var arrTemp = [4,5];
            console.log(arr.concat(arrTemp,6,7));
```

```
            console.log(arr);
        </script>
    </head>
    <body>
    </body>
</html>
```

例 7-11 的运行结果如图 7-8 所示。

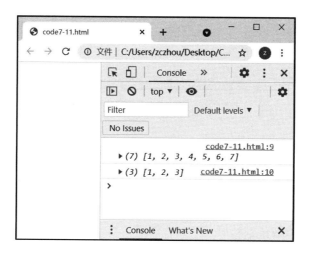

图 7-8　code 7-11

join():用于把数组中的所有元素放入一个字符串。

语法:arrayObject.join(separator),其中 separator 参数可选,表示指定的分隔符号,省略则默认使用逗号。

【例 7-12】　code 7-12。

```
<! DOCTYPE html >
< html >
    < head >
        < meta charset = "utf-8">
        < title ></title >
        < script type = "text/javascript">
            var arr = new Array('a','b','c');
            console.log(arr.join());
            console.log(arr.join(''));
            console.log(typeof(arr.join()));
        </script >
    </head >
    < body >
    </body >
</html >
```

例 7-12 的运行结果如图 7-9 所示。

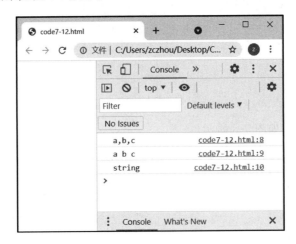

图 7-9　code 7-12

shift()/pop():用于删除并返回数组的首个/最后一个元素。

说明:执行该函数时,除了删除首个/最后一个元素外,还将首个/最后一个元素作为返回值返回。我们可以使用该组方法模拟队列结构。另外,pop 函数可以结合 push 函数模拟栈结构。

注意:函数会影响原数组结构。

【例 7-13】　code 7-13。

```html
<! DOCTYPE html >
< html >
    < head >
        < meta charset = "utf-8">
        < title > </title >
        < script type = "text/javascript">
            var arr = new Array(1,2,3,4,5);
            console.log(arr.pop());
            console.log(arr.shift());
            console.log(arr);
        </script >
    </head >
    < body >
    </body >
</html >
```

例 7-13 的运行结果如图 7-10 所示。

sort():用于对数组的元素进行排序。

说明:数组在原数组上进行排序,不生成副本。使用数字排序,必须在参数中传入函数。该函数指定数字是按照升序还是降序排列。

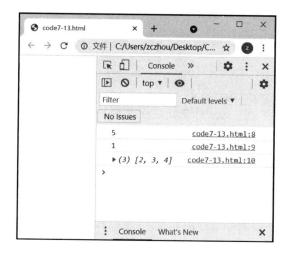

图 7-10 code 7-13

【例 7-14】 code 7-14。

```html
<!DOCTYPE html>
<html>
    <head>
        <meta charset = "utf-8">
        <title></title>
        <script type = "text/javascript">
            function fun(a,b){
                return a - b;
            }
            function getResult(){
                var otext = document.getElementById('text');
                var oresult = document.getElementById('result');
                var arr = otext.value.split(',');
                for(var i = 0;i < arr.length;i ++){
                    arr[i] = parseFloat(arr[i]);
                }
                oresult.value = arr.sort(fun);
            }
        </script>
    </head>
    <body>
        输入一组用逗号分隔的数字:<br>
        <input type = "text" name = "" id = "text" value = "" />
        <button type = "button" onclick = "getResult()">得到排序后的数字序列</button>
        <input type = "text" name = "" id = "result" value = "" />
    </body>
</html>
```

例 7-14 的运行结果如图 7-11 所示。

图 7-11　code 7-14

indexOf(item,start):搜索数组中的元素,并返回其第一次出现所在的位置。

说明:第一项传入参数必选,代表查找的元素;第二项传入参数可选,须传入整数,代表开始检索的位置。

【例 7-15】　生成互不重复的 1~33 的随机数并排序 code 7-15。

```html
<! DOCTYPE html >
< html >
    < head >
        < meta charset = "utf-8">
        < title > </title >
    </head >
    < body >
        < input type = "button" value = "随机数" onclick = "fun()"/>
        < p id = "random" > </p >
    </body >
    < script type = "text/javascript">
            var op = document. getElementById(' random ');
            function fun(){
                var arr = new Array();
                while(1){
                    var num = parseInt(Math. random() * 33 + 1);
                    if(arr. indexOf(num) == - 1)
                    {
                            arr. push(num);
                            if(arr. length == 5)
                                    break;
                    }
                }
                op. innerHTML = arr. sort(function(a,b){return a - b}) + "< br/>";
            }
    </script >
</html >
```

例 7-15 的运行结果如图 7-12 所示。

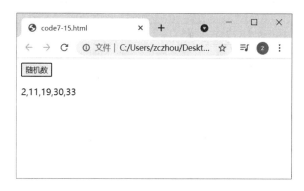

图 7-12　code 7-15

该例中使用了 7.4 节即将介绍的 Math 对象中的 random 函数,使用该方法能够得到 [0,1]之间的随机数。

7.4　Math 对象

在 JavaScript 中,Math 对象是 JavaScript 中的内置对象,其内置了很多在数学公式中常用到的常量,如圆周率、自然对数等。同时,为了简化数值计算也包含了很多的数值处理函数, 且 Math 对象提供的计算功能执行起来要比自己编写 JavaScript 计算程序快得多。

1. Math 对象属性

Math 对象属性均为只读属性,即只可取值,不可赋值。具体如表 7-3 所示。

表 7-3　Math 对象属性

属　性	说　明	值
E	返回算术常量 e,即自然对数的底数	约等于 2.718
LN2	返回 2 的自然对数	约等于 0.693
LN10	返回 10 的自然对数	约等于 2.302
LOG2E	返回以 2 为底的 e 的对数	约等于 1.4426950408889634
LOG10E	返回以 10 为底的 e 的对数	约等于 0.434
PI	返回圆周率	约等于 3.14159
SQRT1_2	返回 2 的平方根的倒数	约等于 0.707
SQRT2	返回 2 的平方根。	约等于 1.414

2. Math 对象方法

Math 对象的方法如表 7-4 所示。

表 7-4　Math 对象方法

方　法	说　明
abs(x)	返回 x 的绝对值
acos(x)	返回 x 的反余弦值

方 法	说 明
asin(x)	返回 x 的反正弦值
atan(x)	以介于 $-PI/2$ 与 $PI/2$ 弧度之间的数值来返回 x 的反正切值
atan2(y,x)	返回从 x 轴到点(x,y)的角度(介于 $-PI/2$ 与 $PI/2$ 弧度之间)
ceil(x)	对数进行上舍入
cos(x)	返回数的余弦
exp(x)	返回 Ex 的指数
floor(x)	对 x 进行下舍入
log(x)	返回数的自然对数(底为 e)
max(x,y,z,...,n)	返回 x,y,z,...,n 中的最高值
min(x,y,z,...,n)	返回 x,y,z,...,n 中的最低值
pow(x,y)	返回 x 的 y 次幂
random()	返回 0~1 的随机数
round(x)	四舍五入
sin(x)	返回数的正弦
sqrt(x)	返回数的平方根
tan(x)	返回角的正切

【例 7-16】 通过文本框输入两点坐标,计算两点间距离,结果保留两位小数 code 7-16。

```
<! DOCTYPE html>
<html>
    <head>
        <meta charset = "utf-8">
        <title></title>
        <script type = "text/javascript">
            function getResult(){
                var ox1 = parseFloat(document.getElementById('x1').value);
                var oy1 = parseFloat(document.getElementById('y1').value);
                var ox2 = parseFloat(document.getElementById('x2').value);
                var oy2 = parseFloat(document.getElementById('y2').value);
                var op = document.getElementById('p');
                op.innerHTML = Math.sqrt(Math.pow(ox1-ox2,2) + Math.pow(oy1-oy2,2)).
toFixed(2);
            }
        </script>
    </head>
    <body>
        第一组坐标:<br>
        x1:< input type = "text" name = "" id = "x1" value = "" />
        y1:< input type = "text" name = "" id = "y1" value = "" /><br>
```

```
第二组坐标:<br>
x2:< input type = "text" name = "" id = "x2" value = "" />
y2:< input type = "text" name = "" id = "y2" value = "" />
< br >
< input type = "button" name = "" id = "btn" value = "计算结果" onclick = "getResult()"/>
< p id = "p"></p>
</body>
</html>
```

例 7-16 使用了 Number 对象的 toFixed 方法,该方法用于确定保留几位小数。最终运行结果如图 7-13 所示。

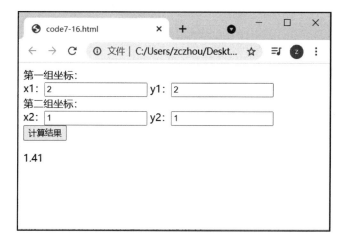

图 7-13　code 7-16

7.5　Number 对象

Number 对象与 String 类似,同属于包装类型,其属性如表 7-5 所示。

表 7-5　Number 对象属性

属　性	说　明	属　性	说　明
MAX_VALUE	可表示的最大的数	NaN	非数字值
MIN_VALUE	可表示的最小的数	POSITIVE_INFINITY	正无穷大,溢出时返回该值
NEGATIVE_INFINITY	负无穷大,溢出时返回该值		

Number 对象的方法如表 7-6 所示。

表 7-6　Number 对象方法

方　法	说　明
isFinite	检测指定参数是否为无穷大
toExponential(x)	把对象的值转换为指数计数法
toFixed(x)	把数字转换为字符串,结果的小数点后有指定位数的数字

方　法	说　明
toPrecision(x)	把数字格式化为指定的长度
toString()	把数字转换为字符串,使用指定的基数
valueOf()	返回一个 Number 对象的基本数字值

7.6　Date 对象

日期类型几乎是任何面向对象语言中必不可少的一部分。在 JavaScript 中,Date 对象用于处理日期与时间,创建 Date 对象需使用构造函数。示例如下。

```
var t = new Date();
```

创建的日期对象 t 将自动获取当前的日期和时间。

```
var t = new Date(1000);                    //毫秒数
```

创建的日期对象 t 为自 1970 年 1 月 1 日零时开始经过 1 000 毫秒后的时间。

```
var t = new Date(2021,6,6,10,10,10);       //年月日时分秒
```

创建的日期对象 t 为 2021 年 6 月 6 日 10 点 10 分 10 秒。上述参数均为可选。

```
var t = new Date('2020/5/5');              //日期字符串
```

创建的日期对象 t 为 2020 年 5 月 5 日 0 点 0 分 0 秒。

Date 对象中包含的方法如表 7-7 所示。

表 7-7　Date 对象方法

方　法	说　明
getTime()	返回 1970 年 1 月 1 日至今的毫秒数
setTime()	以毫秒设置 Date 对象
getFullYear()	从 Date 对象以四位数字返回年份
setFullYear()	设置 Date 对象中的年份(四位数字)
getMonth()	从 Date 对象返回月份(0~11)
setMonth()	设置 Date 对象中月份(0~11)
getDate()	从 Date 对象返回一个月中的某一天(1~31)
setDate()	设置 Date 对象中月的某一天(1~31)
getHours()	返回 Date 对象的小时(0~23)

续 表

方　法	说　明
setHours()	设置 Date 对象中的小时(0~23)
getMinutes()	返回 Date 对象的分钟(0~59)
setMinutes()	设置 Date 对象中的分钟(0~59)
getSeconds()	返回 Date 对象的秒数(0~59)
setSeconds()	设置 Date 对象中的秒钟(0~59)
getMilliseconds()	返回 Date 对象中的毫秒(0~999)
setMilliseconds()	设置 Date 对象中的毫秒(0~999)
toDateString()	把 Date 对象的日期部分转换为字符串
toLocaleDateString()	根据本地时间格式,把 Date 对象的日期部分转换为字符串
toLocaleTimeString()	根据本地时间格式,把 Date 对象的时间部分转换为字符串
toLocaleString()	根据本地时间格式,把 Date 对象转换为字符串

【例 7-17】　计算输入的日期与当前日期相差天数 code 7-17。

```html
<! DOCTYPE html>
<html>
    <head>
        <meta charset = "utf-8">
        <title></title>
        <script type = "text/javascript">
            function getDay(){
                var odate = document.getElementById('in_date');
                var start_date = new Date(odate.value);
                var now_date = new Date();
                alert(parseInt((now_date-start_date)/(3600 * 24 * 1000)));
            }
        </script>
    </head>
    <body>
        请选择年月日:<br>
        <input type = "date" name = "" id = "in_date" value = "" />
        <input type = "button" name = "" onclick = "getDay()" value = "计算相差天数" />
    </body>
</html>
```

例 7-17 的运行结果如图 7-14 所示。

图 7-14　code 7-17

本 章 小 结

1. Object 是 JavaScript 中最基础的类型,其他类型均来自它。

2. 字符串对象是字符串的包装类型,类似的还有 Number 和 Boolean 包装类型,它们都提供了相应的属性和方法来满足数据处理的需求。

3. 数组对象表示一组值的有序序列,同样提供了属性与方法。需要注意的是,其长度属性不是只读的,通过修改 length 值可以动态删除数组对象的元素且不可恢复。

4. 数学对象提供了数学公式中常用的常量和方法。

5. 日期对象提供了日期和时间的信息,也包含了日期计算的方法。

练 习 题

1. 请思考:在 JavaScript 中,如何通过多种方式定义二维数组?

2. 编程:生成 5 个 0~36 的随机数并排序,如果其中有 8,则提示中了一等奖;有 18,则提示中了二等奖;有 28,则提示中了三等奖;都没有,则提示谢谢惠顾。注意:8、18、28 重复出现以奖励等级高的为准。

3. 编写程序,实现计算距离国庆节还有多少天。

4. 编写程序,实现计算上一个月当前的日期是星期几。

5. 设计一个包含文本域和按钮的页面,实现在文本域中输入如下字符串后,点击按钮能够得出消费总额。

字符串:电脑 4 000 元,空调 2 000 元,手表 500 元。

第 8 章 BOM 与 DOM

BOM 与 DOM 是 JavaScript 中重要的组成部分。其中,BOM 的全称为 Browser Object Model,即浏览器对象模型;DOM 的全称为 Document Object Model,即文档对象模型。通过这两个模型能够更好地构建满足设计需要的 JavaScript 脚本。

8.1 BOM

浏览器是 JavaScript 程序的宿主,为了能和 JavaScript 程序进行通信(如获得浏览器的信息和对浏览器作出响应),其为 JavaScript 解释器提供了应用程序接口。它提供了很多宿主对象(浏览器对象)来完成这些操作,可以使用户创建很多精美的网页动态效果,这种宿主对象被称为 BOM。BOM 提供了 Window、Location 和 Screen 等对象,这些对象并不处理网页中的内容,而是用于处理关于浏览器的访问相关的信息,如修改浏览器窗口大小、调整窗口滚动位置或处理浏览器访问历史信息等。

8.1.1 Window 对象

Window 对象是 BOM 中的核心对象,它是 ECMAScript 规定的全局对象,我们用到的所有全局对象和方法都从属于它。事实上,Location 对象、History 对象和 Document 对象都是 Window 对象的属性,只是使用时可以省略 Window。示例如下。

```
< script type = "text/javascript">
alert("隐式调用");
window.alert("显式调用");
</script >
```

每一个浏览器窗口(包括页面内的框架窗口)都会为 HTML 文档创建 Window 对象,Window 对象的具体属性如表 8-1 所示。

表 8-1　Window 对象属性

属　性	说　明
closed	返回窗口是否已被关闭
defaultStatus	设置或返回窗口状态栏中的默认文本
Document	对 Document 对象的只读引用
History	对 History 对象的只读引用
Location	用于窗口或框架的 Location 对象
Navigator	对 Navigator 对象的只读引用

属　　性	说　　明
Screen	对 Screen 对象的只读引用
innerheight	返回窗口的文档显示区的高度
innerwidth	返回窗口的文档显示区的宽度
length	设置或返回窗口中的框架数量
name	设置或返回窗口的名称
opener	返回对创建此窗口的窗口的引用
outerheight	返回窗口的外部高度
outerwidth	返回窗口的外部宽度
pageXOffset	设置或返回当前页面相对于窗口显示区左上角的 X 位置
pageYOffset	设置或返回当前页面相对于窗口显示区左上角的 Y 位置

Window 对象的常用方法如表 8-2 所示。

表 8-2　Window 对象方法

方　　法	说　　明
alert()	显示带有一段消息和一个确认按钮的警告框
blur()	把键盘焦点从顶层窗口移开
close()	关闭浏览器窗口
confirm()	显示带有一段消息以及确认按钮和取消按钮的对话框
createPopup()	创建一个 pop-up 窗口
focus()	给予键盘焦点一个窗口
getSelection()	返回一个 Selection 对象,表示用户选择的文本范围或光标的当前位置
getComputedStyle()	获取指定元素的 CSS 样式
matchMedia()	该方法用来检查 mediaquery 语句,它返回一个 MediaQueryList 对象
moveBy()	可相对窗口的当前坐标把它移动指定的像素
moveTo()	把窗口的左上角移动到一个指定的坐标
open()	打开一个新的浏览器窗口或查找一个已命名的窗口
print()	打印当前窗口的内容
prompt()	显示可提示用户输入的对话框
resizeBy()	按照指定的像素调整窗口的大小
resizeTo()	把窗口的大小调整到指定的宽度和高度
scrollBy()	按照指定的像素值来滚动内容
scrollTo()	把内容滚动到指定的坐标
setInterval()	按照指定的周期(以毫秒计)来调用函数或计算表达式
setTimeout()	在指定的毫秒数后调用函数或计算表达式
clearInterval()	取消由 setInterval() 设置的 timeout
clearTimeout()	取消由 setTimeout() 方法设置的 timeout
stop()	停止页面载入
postMessage()	安全地实现跨源通信

1. 定时器

使用 Window 对象的 setInterval()/setTimeout()可以设计定时器效果,程序会在指定的时间间隔后调用响应函数,它们之间的区别在于以下两方面。

- setInterval():会不间断地在有限的时间间隔后调用响应函数,类似于每天固定时间发出声响的闹钟设定;也可以使用 clearInterval()取消定时器效果。
- setTimeout():在有限的时间间隔后调用一次相应函数,类似于倒计时提醒效果;也可以使用 clearTimeout()取消定时器效果。

由于两组函数的参数列表类似,这里以 setInterval()/clearInterval()为例。

setInterval(param1,param2,param3)参数列表描述如下。

- param1:必须传入的参数,可以是一段代码或一个可执行的函数。
- param2:必须传入的参数(setTimeout()该参数非必须传入),该参数用于规定时间间隔。
- param3:非必须传入的参数,可作为传入 param1 函数的实参。

clearInterval(param)的参数为调用 setInterval() 函数时所获得的返回值。

【例 8-1】 code 8-1。

```html
<!DOCTYPE html>
<html>
    <head>
        <meta charset = "utf-8">
        <title></title>
        <script type = "text/javascript">
            var timer;
            function start(){
                timer = window.setInterval(clock,1000);
            }
            function stop(){
                window.clearInterval(timer);
            }
            function clock(){
                var t = new Date();
                document.getElementById('p').innerHTML = t.toLocaleString();
            }
        </script>
    </head>
    <body>
        <p id = "p"> </p>
        <button type = "button" onclick = "start()">开始</button>
        <button type = "button" onclick = "stop()">停止</button>
    </body>
</html>
```

例 8-1 的运行结果如图 8-1 所示。

图 8-1　code 8-1

【例 8-2】　code 8-2。

```
<! DOCTYPE html>
<html>
    <head>
        <meta charset = "utf-8">
        <title></title>
        <style type = "text/css">
            #test{
                height: 200px;
                width: 200px;
                background-color: red;
            }
        </style>
        <script type = "text/javascript">
            var timer;
            function start(){
                timer = window.setInterval(function(){
                    var odiv = document.getElementById('test');
                    odiv.style.width = odiv.offsetWidth + 5 + 'px';
                },15);
            }
            function stop(){
                window.clearInterval(timer);
            }
        </script>
    </head>
    <body>
        <div id = "test"></div>
        <button onclick = "start()">开始</button>
```

```
            < button onclick = "stop()">停止</button >
    </body >
</html >
```

通过浏览器打开例 8-2 并单击"开始"按钮,一段时间后的运行效果如图 8-2 所示。

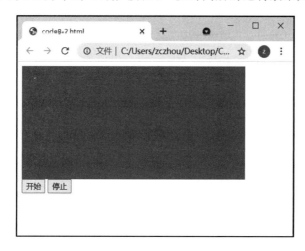

图 8-2　code 8-2

此时,若在浏览器中多次按下"开始"按钮会发现 div 的宽度变化越来越快,并且停止按钮也失效了,请读者分析原因。

2. 调整窗口的滚动条位置

可以使用 scrollTo(param1,param2)函数把内容滚动到指定的坐标。其参数描述如下。

- param1:必传参数,在窗口文档显示区左上角显示的文档的 x 坐标。
- param2:必传参数,在窗口文档显示区左上角显示的文档的 y 坐标。

【例 8-3】　code 8-3。

```
<! DOCTYPE html>
< html >
    < head >
        < meta charset = "utf-8">
        < title ></title >
        < style type = "text/css">
            * {
                background:#999;
                margin:0px;
                padding:0px;
            }
            #demo{
                margin:0px auto;
                height:auto;
                width:90%;
                background:#FFF;
```

```
            }
            #demo div{
                font:"Times New Roman", Times, serif;
                font-size:60px;
                text-align:center;
                color:white;
            }
            #bodyOne{
                height:800px;
                width:100%;
                background-color: coral;
            }
            #bodyTwo{
                height:800px;
                width:100%;
                background-color: cornflowerblue;
            }
            #locateControl{
                position:fixed;
                height:auto;
                width:50px;
                right:10px;
                bottom:30%;
                background:#9FF;
            }
            li{
                color:white;
                list-style-type:none;
                background:#999;
                line-height:30px;
            }
            li:first-child{
                border-bottom:1px white solid;
            }
        </style>
    </head>
    <body>
        <div id="demo">
            <div id="bodyOne">displayOne</div>
            <div id="bodyTwo">displayTwo</div>
        </div>
        <div id="locateControl">
            <ul class="nav">
```

```
                    <li>One</li>
                    <li>Two</li>
                </ul>
            </div>
        </body>
    <script type="text/javascript">
        var locate;
        var time;
        var oli = document.getElementsByTagName('li');      //获取所有li节点,以数组结构返回
        var disOne = document.getElementById('bodyOne').offsetHeight;  //取第一块div的高度
        function move(height,type){
            if(type<0 && locate<=height){
                locate = height;
                window.clearInterval(time);
            }
            else if(type>0 && locate>height){
                locate = height;
                window.clearInterval(time);
            }
            window.scrollTo(0,locate);
            locate = locate + type;
        }
        oli[0].onclick = function()
        {
            locate = window.pageYOffset;                //获取滚动条距离上边界距离
            time = window.setInterval(move,1,0,-10);
        }
        oli[1].onclick = function()
        {
            locate = window.pageYOffset;
            if(locate<=disOne)
                time = window.setInterval(move,1,disOne,10);
            else
                time = window.setInterval(move,1,disOne,-10);
        }
    </script>
</html>
```

通过浏览器打开例 8-3 后,点击侧边菜单会滑动到对应 div 起始位置。运行结果如图 8-3所示。

3. 调整窗口打开状态

可以使用 Window 对象中的 open 方法来规范弹出的窗口状态。语法如下。

```
window.open(param1,param2,param3,param4);              //window 可省略
```

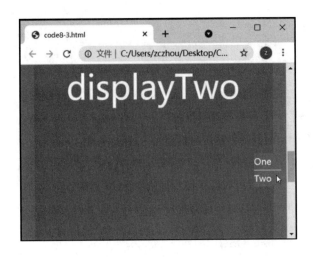

图 8-3   code 8-3

参数说明如下。

param1：非必传参数，打开指定的页面的 URL。如果没有指定 URL，打开一个新的空白窗口。

param2：非必传参数，指定 target 属性或窗口的名称，取值情况如下。

- _blank：URL 加载到一个新的窗口（默认）。
- _parent：URL 加载到父框架。
- _self：URL 替换当前页面。
- _top：URL 替换任何可加载的框架集。
- name：窗口名称。

param3：非必传参数，可以传入一个由多组键值对组成的列表，各个键值对间以逗号相隔。具体如表 8-3 所示。

表 8-3   参数值说明

键	键　值	说　　明
fullscreen	1 或 0	打开的浏览器窗口是否最大化
height	数值	新窗口的高度，不能低于 100
left	数值	新窗口的左侧坐标，不能取负值
location	1 或 0	是否在浏览器窗口中显示地址栏，不同的浏览器表现可能会不同
menubar	1 或 0	是否在浏览器中显示菜单栏，默认不显示
resizable	1 或 0	是否可以拖动浏览器窗口以修改窗口大小，存在兼容性问题
scrollbars	1 或 0	若内容在窗口中显示不下，表示是否可以滚动
status	1 或 0	是否在浏览器中显示状态栏
toolbar	1 或 0	是否在浏览器中显示工具栏
top	数值	新窗口的上坐标，不能取负值
width	数值	新窗口的宽度，不能小于 100

【**例 8-4**】　点击按钮,使用 open 方法打开一个高 400、宽 500 的没有地址栏、菜单栏、工具栏、状态栏且不可改变大小的窗口,里面显示打开的百度首页 code 8-4。

```
<! DOCTYPE html>
<html>
    <head>
        <meta charset = "utf-8">
        <title></title>
        <script type = "text/javascript">
            function fun(){
                open('https://www.baidu.com','_blank','height = 400,width = 500,location = 0,
menubar = 0,toolbar = 0,status = 0,resizable = 0')
                /*
                点击一个按钮,使用 open 方法打开一个高 400,宽 500 的没有地址栏,没有菜单栏,
                没有工具栏,没有状态栏,不可改变大小的窗口,里面显示打开的百度页面。
                */
            }
        </script>
    </head>
    <body>
        <button type = "button" onclick = "fun()">打开新窗口</button>
    </body>
</html>
```

例 8-4 的运行结果如图 8-4 所示。

图 8-4　code 8-4

8.1.2 Location 对象

Location 对象描述的是某一个窗口对象所打开的地址（包含有关当前 URL 的信息），它是 Window 对象的一个部分，可通过 window.location 属性来访问。其属性如表 8-4 所示。

表 8-4 Location 对象属性

属　性	说　明
hash	返回一个 URL 的锚部分
host	返回一个 URL 的主机名和端口
hostname	返回 URL 的主机名
href	返回完整的 URL
pathname	返回的 URL 路径名
port	返回一个 URL 服务器使用的端口号
protocol	返回一个 URL 协议
search	返回一个 URL 的查询部分

Location 对象的函数如表 8-5 所示。

表 8-5 Location 对象方法

方　法	说　明
assign()	载入一个新的文档
reload()	重新载入当前文档
replace()	用新的文档替换当前文档

assign(url)：在当前窗口加载一个新的文档，可以使用后退键返回。

示例：点击后可跳转到指定的页面。

```html
<!DOCTYPE html>
<html>
    <head>
        <meta charset="utf-8">
        <title></title>
        <script type="text/javascript">
            function fun(){
                window.location.assign('https://www.baidu.com');
            }
        </script>
    </head>
    <body>
        <button type="button" onclick="fun()">打开新 URL</button>
    </body>
</html>
```

reload(param)：用于重新加载当前文档；参数可选；其值为 true 或 false。如果该方法没有规定参数或者参数是 false 时,如果文档已改变,reload()会再次下载该文档;如果文档未改变,则该方法将从缓存中装载文档。这与用户单击浏览器的刷新按钮的效果一致。

如果把该方法的参数设置为 true,那么无论文档的最后修改日期是什么,它都会绕过缓存,从服务器上重新下载该文档。这与用户在单击浏览器的刷新按钮时按住 Shift 健的效果一致,相当于点击浏览器的刷新按钮。

replace(param):可用一个新文档取代当前文档。

参数:新文档的 URL。

说明:replace()方法不会在 History 对象中生成一个新的纪录。当使用该方法时,新的 URL 将覆盖 History 对象中的当前纪录。

8.1.3　History 对象

History 对象包含用户(在浏览器窗口中)访问过的 URL,即浏览器的浏览历史。History 对象是 Window 对象的一部分,可通过 Window.History(也可直接使用 History,Window 可省略)属性对其进行访问。它包含了一个 length 属性,该属性用于声明浏览器中历史列表中的元素数量。

History 对象包含的方法如下。

- back():加载 History 列表中的前一个 URL。无参数,相当于按下浏览器中的访问后退键。
- forward():加载 History 列表中的下一个 URL。无参数,相当于按下浏览器中的访问向前键。
- go(param):加载 History 列表中的某个具体页面。URL 参数使用的是要访问的 URL 或 URL 的子串,而 number 参数使用的是要访问的 URL 在 History 的 URL 列表中的相对位置。负值代表后退几个页面,正值代表前进几个页面。

8.1.4　Screen 对象

Screen 对象包含有关客户端显示屏幕的信息,它提供了屏幕大小、分辨率和颜色深度等信息。其属性如下。

- availHeight:返回屏幕的高度(不包括 Windows 任务栏)。
- availWidth:返回屏幕的宽度(不包括 Windows 任务栏)。
- colorDepth:返回目标设备或缓冲器上的调色板的比特深度。
- height:返回屏幕的总高度。
- pixelDepth:返回屏幕的颜色分辨率(每像素的位数)。
- width:返回屏幕的总宽度。

8.2　DOM

DOM 是一项 W3C 标准,它定义了访问文档的标准,具体包括所有文档类型的标准模型(Core DOM)、XML 文档的标准模型(XML DOM)和 HTML 文档的标准模型(HTML DOM)。HTML DOM 是本章学习的主要内容,其定义了所有 HTML 元素的对象和属性,以及访问它们的方法。在之前的实例中,绝大多数是使用 JavaScript 修改 CSS 以呈现交互效果,而通过使用 HTML DOM 可以动态地创建、修改、删除 HTML 元素。

8.2.1 HTML DOM 简介

当一个 HTML 网页被加载到浏览器时,浏览器会首先解析该网页文档,并将网页解析为文档对象模型。

HTML DOM 基于节点树的表现形式,关于节点的规定如下。

- 整个文档是一个文档节点。
- 每个 HTML 标签是一个元素节点。
- 包含在 HTML 元素中的文本是文本节点。
- 每一个 HTML 属性是一个属性节点。
- 注释属于注释节点。

树是一种由节点组成的层次化的数据结构。HTML 文档中的所有节点组成了一个文档树(或节点树)。HTML 文档中的每个元素、属性、文本等都代表着树中的一个节点。树起始于文档节点,并由此继续伸出枝条,直到处于这棵树最低级别的所有文本节点为止。一棵树中的所有节点都是相互联系的。

目前,主流的浏览器都支持 HTML DOM,这也是实现跨浏览器操作的关键。相对于核心 DOM,制定 HTML DOM 的主要目的在于以下两点。

- 指定(选择)和添加用于 HTML 文档和元素的功能。
- 提供一种便利的机制适用于对 HTML 文档的一般性操作。

8.2.2 Document 对象

HTML Document 接口继承自核心 DOM 的 Document 接口,它代表加载到浏览器中的 HTML 文档。使用 Window.document 属性可以获取对加载文档的应用,该属性返回一个 HTML Document 实例,代表当前 Window 或指定 Window 对象内加载的文档。Document 对象使我们可以从脚本中对 HTML 页面中的所有元素进行访问。

由于 Document 对象是 Window 对象的属性,所以使用时可以忽略 Window。

利用 Document 对象中的方法可以查找元素,进而对元素进行结构调整或自身样式修改。

利用 HTML DOM 可以对 HTML 节点结构的增、删、改,但都依赖于查找,其方法如下。

- document.getElementsByClassName():返回文档中所有指定类名的元素集合。
- document.getElementById():返回对拥有指定 id 的第一个对象的引用。
- document.getElementsByName():返回带有指定名字的对象集合。
- document.getElementsByTagName():返回带有指定标签名的对象集合。

注意:除 getElementById 方法外,其余返回的都是包含一组元素的数组。

【例 8-5】 复选按钮全选效果 code 8-5。

```html
<!DOCTYPE html>
<html>
    <head>
        <meta charset = "utf-8">
        <title></title>
    </head>
```

```
< body >
    < span id = "p">点击全选/反选</p >
    < input type = "checkbox" name = "box" value = "足球">足球< br >
    < input type = "checkbox" name = "box" value = "篮球">篮球< br >
    < input type = "checkbox" name = "box" value = "排球">排球< br >
</body >
< script type = "text/javascript">
    var op = document.getElementById('p');
    var obox = document.getElementsByName('box');
    var check = 0;             //代表复选框未选中
    op.onclick = function(){
        if(check == 0){
            for(var i = 0;i < obox.length;i ++ ){
                obox[i].checked = true;
            }
            check = 1;
        }
        else{
            for(var i = 0;i < obox.length;i ++ )
                obox[i].checked = false;
            check = 0;
        }
    }
</script >
</html >
```

例 8-5 中加入了一个 check 变量是为了标记两种状态，即全选和非全选。虽然示例中使用了循环逐个选定复选按钮，但是由于执行速度很快，延迟效果几乎可以忽略。其运行结果如图 8-5 所示。

图 8-5 code 8-5

除上述方法外，我们也可以根据确定的元素类型利用 document 属性进行访问，具体属性如下。

- all 属性：以数组类型返回所有 HTML 元素，用下标可以引用，起始下标为 0。
- anchors 属性：以数组类型返回文档所有的 anchors 对象引用。
- forms 属性：以数组类型返回文档所有的 form 对象引用。
- images 属性：以数组类型返回文档所有的 images 对象引用。
- links 属性：以数组类型返回文档所有的 area 和 link 对象引用。

【例 8-6】　code 8-6。

```html
<! DOCTYPE html>
<html>
    <head>
        <meta charset = "utf-8">
        <title></title>
    </head>
    <body>
        <form action = "" method = "post">
            <input type = "text" name = "t" id = "" value = "" />
            <input type = "submit" value = "按钮"/>
        </form>
    </body>
    <script type = "text/javascript">
        var oform = document.forms;
        oform[0].t.onfocus = function(){
            oform[0].t.style.background = 'lavender';
        }
    </script>
</html>
```

例 8-6 的运行结果如图 8-6 所示。

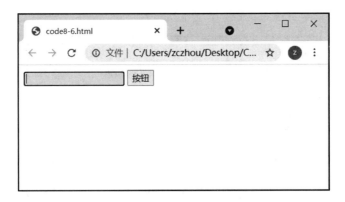

图 8-6　code 8-6

8.2.3　操作元素

查找到元素以后，根据节点树的关系，我们可以进一步定位到其相邻节点，如当前元素的父节点。示例如下。

```
<div id="outer">
    <div id="inner"></div>
    <div id="brother"></div>
</div>
```

假如我们查找到的是 id 为 inner 的 div 元素,则与它直接存在包含关系的 id 值为 outer 的 div 为其父节点;反之,内层以其为父节点的节点称其为子节点。

我们可以利用如表 8-6 中的属性来定位相邻节点

表 8-6　HTML Element 节点属性

属　　性	说　　明	属　　性	说　　明
children	返回元素的子元素的集合	parentNode	返回元素的父节点
firstChild	返回元素的第一个子节点	previousSibling	返回该元素紧跟的一个节点
lastChild	返回元素的最后一个子节点		

除此之外,更重要的是对 HTML 元素节点的修改、增加和删除操作。

1. 修改

在之前的实例中,已经使用过一些元素节点的属性来修改结构和样式,整理如下。

* element.innerHTML:改变元素的 innerHTML。
* element.attributes:改变 HTML 元素的属性值。
* element.style.property:改变 HTML 元素的样式。

2. 增加与删除

增加节点的操作主要分为两步,首先创建新节点,然后将创建的节点放置到合适的节点树上。创建节点的方法依赖于 Document 对象,具体方法如下。

* document.createAttribute():创建一个属性节点。
* document.createComment():创建注释节点。
* document.createElement():创建元素节点。
* document.createTextNode():创建文本节点。

将节点放到合适的位置可以使用 appendChild(element)方法,该方法内部的参数为新创建的节点元素,该方法的调用主体是树中某节点元素。

【例 8-7】　code 8-7。

```
<!DOCTYPE html>
<html>
    <head>
        <meta charset="utf-8">
        <title></title>
        <style type="text/css">
            td{
                height:20px;
```

```
            }
        </style>
    </head>
    <body>
        <input type = "button" value = "add" id = "btn" onClick = "fun()">
        <table width = "300px" border = "1px" id = "tb">
            <tr><td></td></tr>
        </table>
    </body>
    <script type = "text/javascript">
        function fun(){
            var otr = document.createElement('tr');
            var otd = document.createElement('td');
            var otable = document.getElementById('tb');
            otr.appendChild(otd);
            otable.appendChild(otr);
        }
    </script>
</html>
```

通过浏览器打开例 8-7 后,多次点击"add"按钮的运行结果如图 8-7 所示。

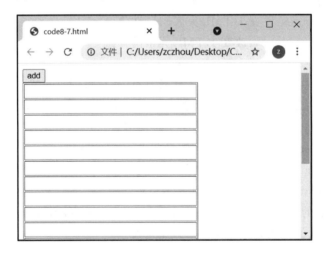

图 8-7　code 8-7

删除和替换节点使用的方法如下。

- removeChild(element):删除 HTML 元素。
- appendChild(element):添加 HTML 元素。

【例 8-8】　页面弹球游戏 code 8-8。

```
<!DOCTYPE html>
<html>
    <head>
```

```
        < meta charset = "utf-8">
        < title > </ title >
        < style type = "text/css">
            # box{
                border:1px # 000000 solid;
                height:450px;
                width:400px;
                position:relative;
                margin:10px auto;
            }
            # ball{
                background: # 339;
                width:10px;
                height:10px;
                position:absolute;
                top:0px;
                left:0px;
            }
            # board{
                position:absolute;
                width:80px;
                height:10px;
                background: # C33;
                bottom:0px;
                left:0px;
            }
        </ style >
    </ head >
    < body >
        < input type = "button" id = "btn1" value = "点击停止运动">    < input
type = "button" id = "btn2" value = "点击开始运动">
        < br >
        < div id = "box">
            < div id = "ball"> </ div >
            < div id = "board"> </ div >
        </ div >
    </ body >
    < script type = "text/javascript">
        var obtn_move = document.getElementById("btn2");
        var obox = document.getElementById('box');
        var oball = document.getElementById('ball');
        var obtn = document.getElementById('btn1');
        var oboard = document.getElementById('board');
```

```
        var tt;
        var speedX = 12;                                    //水平方向速度
        var speedY = 9;                                     //垂直方向速度

        obtn_move.onclick = function(){
            tt = window.setInterval(function move(){    //开启定时器
                oball.style.left = oball.offsetLeft + speedX +'px';       //改变水平位置
                oball.style.top = oball.offsetTop + speedY +'px';         //改变竖直位置
    if((oball.offsetTop + 10 + oball.clientHeight >= box.clientHeight&&(oball.offsetLeft > oboard.
offsetLeft&&oball.offsetLeft < oboard.offsetLeft + oboard.clientWidth))||oball.offsetTop <= 0)
                                        //小球上高 + 小球高>= 盒子内高 或者 小球上高超出边界
                    {
                        speedY = - speedY;              //改变竖直移动方向
                    }
    if(oball.offsetLeft + oball.clientWidth >= box.clientWidth||oball.offsetLeft <= 0)
                                        //小球左宽 + 小球宽>= 盒子内宽 或者 小球左宽超出边界
                    {
                        speedX = - speedX;              //改变水平移动方向
                    }
                    if(oball.offsetTop + oball.clientHeight > box.clientHeight)
                    {
                        alert('Game over');
                        clearInterval(tt);
                        window.location.reload();
                    }
            },30);
        }
        obtn.onclick = function(){
            tt = window.clearInterval(tt);
        }   //关闭定时器
            //控制板子移动
    var speedmove = 20;
    document.onkeydown = function() {
        if(parseInt(event.keyCode) == 37){
            if(oboard.offsetLeft <= 0 )
                return 0;
            oboard.style.left = oboard.offsetLeft - speedmove + 'px';
        }
        if(parseInt(event.keyCode) == 39){
            if(oboard.offsetLeft + 80 >= obox.clientWidth)
                return 0;
            oboard.style.left = oboard.offsetLeft + speedmove + 'px';
        }
```

```
        }
    </script>
</html>
```

说明:例 8-8 中使用的关于获取 HTML 元素宽、高值的方法描述如下。

- element.clientHeight:在页面上返回内容的可视高度(不包括边框、边距或滚动条)。
- element.clientWidth:在页面上返回内容的可视宽度(不包括边框、边距或滚动条)。
- element.offsetHeight:返回任何一个元素的高度,包括边框和填充,但不是边距。
- element.offsetWidth:返回元素的宽度,包括边框和填充,但不是边距。
- element.offsetLeft:返回当前元素的相对水平偏移位置的偏移容器。
- element.offsetTop:返回当前元素的相对垂直偏移位置的偏移容器。

其运行结果如图 8-8 和图 8-9 所示。

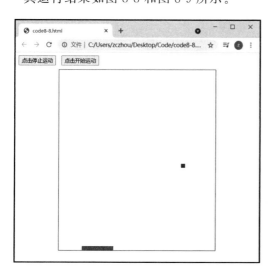

图 8-8　code 8-8(1)

图 8-9　code 8-8(2)

【例 8-9】　轮播图(需要准备轮播的图片素材)code 8-9。

```
<!DOCTYPE html>
<html>
    <head>
        <meta charset = "utf-8">
        <title></title>
        <style type = "text/css">
            * {
                padding:0px;
                margin:0px;
            }
            img{
                width:100 % ;
            }
```

```css
.div-img{
    position:relative;
    margin:0px auto;
    width:500px;
    height:auto;
    overflow:hidden;
}
.ul-img{
    width:2500px;
    height:auto;
    margin-left:-500px;
}
.li-img{
    list-style:none;
    float:left;
    width:500px;
    height:auto;
}
</style>
</head>
<body>
    <div class="div-img">
        <ul class="ul-img" id="ul-img">
            <li class="li-img"><img src="3.jpg"/></li>
            <li class="li-img"><img src="1.jpg"/></li>
            <li class="li-img"><img src="2.jpg"/></li>
            <li class="li-img"><img src="3.jpg"/></li>
            <li class="li-img"><img src="1.jpg"/></li>
        </ul>
        <p class="p-img" align="center">
            <input type="button" value="Left" id="btn_L">
            <input type="button" value="Right" id="btn_R">
        </p>
    </div>
</body>
<script type="text/javascript">
    var obtn_left = document.getElementById('btn_L');
    var obtn_right = document.getElementById('btn_R');
    var oul = document.getElementById('ul-img');
    var speed = 10;              //轮播移动速度
    var count = 1;               //轮播次数默认1
    var timeLeft;
    var timeRight;
```

```
                var checkLeft = 1;
                var checkRight = 1;
                obtn_left.onclick = function(){
                    if(checkLeft == 1){
                        checkLeft = 0;
    //    window.clearInterval(timeRight);
                        timeLeft = window.setInterval(function(){
                            if(parseInt(window.getComputedStyle(oul,null).marginLeft)<= (count +
1) * ( - 500)){
                                window.clearInterval(timeLeft);
                                if(count == 3){
                                    oul.style.marginLeft = " - 500px";
                                    count = 0;
                                }
                                count ++ ;
                                checkLeft = 1;
                                return 0;
                            }
                            oul.style.marginLeft = parseInt(window.getComputedStyle(oul,null).
marginLeft) - speed + 'px';
                        },5);
                    }
                    else
                        return 0;
                }
                obtn_right.onclick = function(){
                    //默认 marginRight - 1500
                    //1 L - 1000 (1 + 1) * ( - 500)
                    //2 L - 1500 (2 + 1) * ( - 500)
                    //3 L - 2000 (3 + 1) * ( - 500)
                    //到 3 滑完后 重置到 1
                    //到 1 滑完后 重置到 3
                    if(checkRight == 1)
                    {
                        checkRight = 0;
                        var times = 0;
                        timeRight = window.setInterval(function(){
                            if(parseInt(window.getComputedStyle(oul,null).marginLeft)>= (count -
1) * ( - 500)){
                                window.clearInterval(timeRight);
                                if(count == 1){
                                    oul.style.marginLeft = " - 1500px";
                                    count = 4;
```

```
                    }
                    count -- ;
                    checkRight = 1;
                    return 0;
                }
                oul.style.marginLeft = parseInt(window.getComputedStyle(oul,null).
marginLeft) + speed + 'px';
                },5);
            }
        else
            return 0;
        }
    </script>
</html>
```

例 8-9 的运行结果如图 8-10 所示。

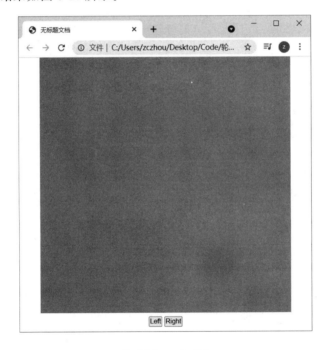

图 8-10   code 8-9

本 章 小 结

1. BOM 提供了 Window、Location 和 Screen 等对象,这些对象并不处理网页中的内容,而是用于处理关于浏览器的访问相关的信息,如修改浏览器窗口大小、调整窗口滚动位置或处理浏览器访问历史信息等。

2. Window 对象是 BOM 中的核心对象,它是 ECMAScript 规定的全局对象,我们用到的所有全局对象和方法都从属于它。

3. Location 对象描述的是某一个窗口对象所打开的地址(包含有关当前 URL 的信息),History 对象包含用户在浏览器中的浏览历史,Screen 对象包含有关客户端显示屏幕的信息。

4. DOM 是一项 W3C 标准,它定义了访问文档的标准,具体包括所有文档类型的标准模型(Core DOM)、XML 文档的标准模型(XML DOM)和 HTML 文档的标准模型(HTML DOM)。

5. 利用 HTML DOM 可以完成节点树结构中节点的增、删、改、查操作。

练 习 题

1. 修改例 8-2,使其能够在连续按下"开始"按钮后,div 的宽度变化而速度不变。

2. alert 方法、confirm 方法和 prompt 方法有哪些区别和联系?

3. Document 对象定位元素的方法有哪些?

4. 参照例 8-8,设计一个可以动态设置小球数量的页面程序,要求小球的初始位置随机、运动速度随机,可参考图 8-11 所示效果。

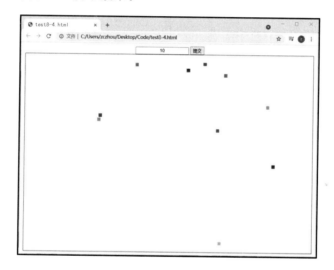

图 8-11 运动小球

5. 设计一个网页,包括一个文本框、一个颜色选择器和一个按钮。文本框中的数据输入格式为:3,5,代表 3 行 5 列。选择完颜色后,单击按钮后可以创建一个 3 行 5 列的表格,且偶数行的背景色为颜色选择器中的指定颜色,奇数行的背景色为默认。

第 9 章　基于框架的程序设计

在学习了 HTML、CSS 与 JavaScript 基础后,采用合适的素材和较好的代码设计可以开发出相对简洁且美观的网页。选用原生方式开发网页的自由度较大,但往往效率较低,且严谨程度很难掌控。实际上,为了使项目利益最大化,往往要缩短项目的开发周期,还需要考虑版本兼容和维护成本等问题。因此,开发时使用大型公司或社区较流行的库或框架往往会事半功倍。

9.1　jQuery

jQuery 是一个轻量级的 JavaScript 函数库,其内部封装了许多 DOM 操作并简化了 JavaScript 操作 CSS 的代码,使得原本要写很多行代码才能实现的效果被简化了。其兼容了绝大多数的主流浏览器,也从侧面解决了浏览器的兼容问题,本节将简单介绍 jQuery 的部分用法和语法。

9.1.1　使用 jQuery

使用 jQuery 的方法是在网页中利用< script >标签的 src 属性外部引入,引入时可以选择互联网上的资源或本地资源。当希望引入本地资源时,可以在 https://jquery.com/download/链接下载,打开网址后的界面如图 9-1 所示。

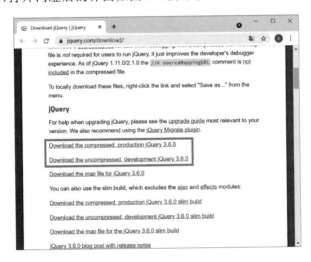

图 9-1　下载 jQuery

上图中的方框扩选的两个版本说明如下。
- Production version:经过压缩的用于实际的网站版本。
- Development version:未经过压缩的用于测试和开发的网站版本,加载时间较长。

引用网络上的 jQuery 资源时,应保证资源有效且访问速率高。本节后续示例中将选用本地资源引入的方式。示例如下。

```
<!DOCTYPE html>
<html>
    <head>
        <meta charset="utf-8">
        <title></title>
        <script type="text/javascript" src="jquery-3.6.0.js">
        </script>
    </head>
    <body>
    </body>
</html>
```

我们可以通过在示例运行的浏览器中按下 F12 键,在 console 窗口中输入 $.fn.jquery 来验证 jQuery 是否被有效使用,如图 9-2 所示。

图 9-2　显示 jQuery 版本

9.1.2　jQuery 用法

jQuery 的基础语法如下。

```
$(selector).action()
```

其中,$ 符号是使用 jQuery 语言的标志;selector 指选取的元素,其用法兼容 CSS 选择器;action 指对选取元素执行的操作。

1. jQuery 选择器

jQuery 的选择器用法类似于 CSS 选择器,并且还有一些自定义选择器,常见的有标签选择器、class 和 id 选择器以及属性选择器等。所有选择器都必须以 $ 开头。示例如下。

```
$("button.test").click(function(){});
```

示例中表示选取所有 button 中 class 为 test 的元素。

【例 9-1】 code 9-1。

```
<!DOCTYPE html>
<html>
    <head>
        <meta charset = "utf-8">
        <title></title>
        <script type = "text/javascript" src = "jquery-3.6.0.js">
        </script>
    </head>
    <body>
        <button id = "j_test">按钮</button>
    </body>
    <script>
        $('#j_test').click(function(){
            alert("javaScript!");
        })
    </script>
</html>
```

例 9-1 中通过使用 jQuery 选择器简化了 DOM 查询操作，$('#j_test')的用法相当于 document.getElementById('j_test')，其运行结果如图 9-3 所示。

图 9-3 code 9-1

值得注意的是,虽然 jQuery 是通过对 DOM 封装完成的,但是两者的方法是不能互通使用的。

2. 事件

jQuery 中的事件与 JavaScript 中相似,具体如表 9-1 所示。

表 9-1 事 件

类 型	说 明
click	鼠标单击事件
dblclick	鼠标左键双击事件
mouseover	鼠标移入元素时触发
mouserout	鼠标移出元素时触发
keypress	键盘按键被按下
keydown	键盘按键按下的过程
keyup	键盘按键松开
focus	当元素获得焦点时
blur	当元素失去焦点时
focusin	当元素(或在其内的任意元素)获得焦点时
focusout	当元素(或在其内的任意元素)失去焦点时

更多的事件介绍可以从官方文档中查看,链接为 https://api.jquery.com/category/events/。

【例 9-2】 code 9-2。

```html
<!DOCTYPE html>
<html>
    <head>
        <meta charset = "utf-8">
        <title></title>
        <script type = "text/javascript" src = "jquery-3.6.0.js">
        </script>
        <style>
            #j_test{
                height: 200px;
                width: 200px;
                border: 2px solid black;
            }
        </style>
    </head>
    <body>
        <div id = "j_test"></div>
    </body>
    <script>
        $('#j_test').mouseover(function(){
            $('#j_test').css('background-color','red');
        });
    </script>
</html>
```

例 9-2 的运行结果如图 9-4 所示。

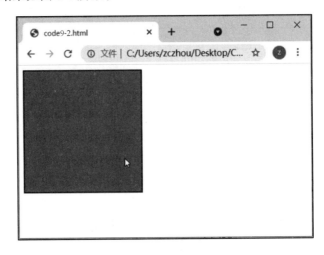

图 9-4　code 9-2

3. 操作 HTML 与 CSS

jQuery 提供一系列与操作 HTML 和 CSS 相关的方法，使对元素访问和修改变得更加容易。部分 jQuery HTML/CSS 方法如表 9-2 所示。

表 9-2　jQuery HTML/CSS 方法

方法名称	说　明
css	为被选元素设置或返回一个或多个样式属性
attr	设置或返回被选元素的属性/值，该方法应用于检索 HTML 属性
val	设置或返回被选元素的属性值（针对表单元素）
prop	设置或返回被选元素的属性/值，该方法应用于检索属性值
text	设置或返回被选元素的文本内容
html	设置或返回被选元素的内容
addClass	向被选元素添加一个或多个类名
wrap	在每个被选元素的周围用 HTML 元素包裹起来
wrapAll	在所有被选元素的周围用 HTML 元素包裹起来
wrapInner	在每个被选元素的内容周围用 HTML 元素包裹起来
append	在被选元素的结尾插入内容
before	在被选元素前插入内容
hide	隐藏 HTML 元素
show	显示 HTML 元素
slideDown	向下滑动元素
slideUp	向上滑动元素
animate	创建自定义动画

【例 9-3】 code 9-3。

```html
<! DOCTYPE html>
<html>
    <head>
        <meta charset = "utf-8">
        <title></title>
        <script type = "text/javascript" src = "jquery-3.6.0.js">
        </script>
        <style type = "text/css">
            #outer{
                display: flex;
                min-height: 300px;
                width: 300px;
                background-color: cornflowerblue;
                position: relative;
                justify-content: center;
                align-items: center;
                margin: 0px auto;
            }
            #inner{
                height: 100px;
                width: 100px;
                background-color: white;
                position: absolute;
            }
        </style>
    </head>
    <body>
        <div id = "outer">
            <div id = "inner">
            </div>
        </div>
    </body>
    <script type = "text/javascript">
        $(document).ready(function(){
            $('#outer').mouseenter(function(){
                $('#inner').animate({
                    height:'+ = 100px',
                    width:'+ = 100px'
                });
            });
            $('#outer').mouseleave(function(){
```

```
                    $('#inner').animate({
                        height:'-=100px',
                        width:'-=100px'
                        });
                    })
                })
            </script>
        </html>
```

例 9-3 使用了 animate 函数来完成动画效果,该效果类似于 CSS 中的动画效果。虽然也可以通过 JavaScript 原生设计实现,但是 jQuery 的写法要更简洁,运行结果如图 9-5 和图 9-6 所示。

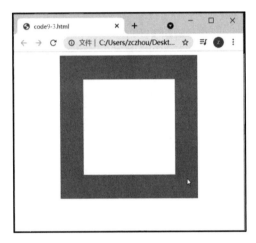 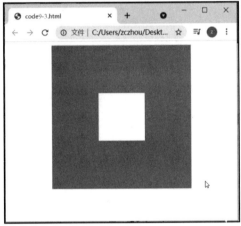

图 9-5　鼠标移入　　　　　　　　　　　　图 9-6　鼠标移出

jQuery 的用法远不止于此,由于篇幅有限,更多内容可参看 jQuery 的官方文档。

9.2　ECharts

ECharts 也是一个开源的 JavaScript 库,它提供了折线图、柱状图、散点图、饼图、热力图和关系图等一系列用于数据可视化的图表设计,以便用户更直观地了解数据。ECharts 兼容了绝大多数的浏览器,是一款非常便捷的图表资源库。

本节仅介绍 ECharts 的使用方法和部分用法,更多详细内容可参看 ECharts 官方网站 https://echarts.apache.org/。

9.2.1　使用 ECharts

ECharts 的使用方式与 jQuery 类似,可以在 https://www.jsdelivr.com/package/npm/echarts 选择 dist/echarts.js,点击并保存为 echarts.min.js 文件后在 html 文件中通过 <script> 标签引入,然后通过浏览器打开 html 文件,并在控制台中输入 echarts,提示如图 9-7 所示的信息即为引入成功。

图 9-7　使用 ECharts

9.2.2　ECharts 用法

使用 ECharts 库之前,要在 HTML 结构上创建合适的容器,示例如下。

```
<body>
    <!-- 为 ECharts 准备一个定义了宽高的 DOM -->
    <div id = "main" style = "width: 600px;height:400px;"></div>
</body>
```

接下来使用 ECharts 的 init 方法,该函数需要传入容器元素,示例如下。

```
var myChart = echarts.init(document.getElementById('main'));
```

利用 DOM 获取容器元素作为参数传入后,接下来使用 setOption 方法,该函数需要传入一个 option 参数,即图标的设置参数,为 json 类型,其内部各项参数如下。

- title:图标显示的标题。
- tooltip:配置提示信息。
- legend:图例组件展现了不同系列的标记(symbol)、颜色和名字。我们可以通过点击图例控制不用显示的系列。
- xAxis/yAxis:x 轴与 y 轴显示项。
- series:综合系列。其内部包括 name 系列名称、type 系列图表类型和 data 系列中的数据内容。

【例 9-4】　code 9-4。

```
<! DOCTYPE html>
<html>
    <head>
        <meta charset = "utf-8">
        <title></title>
```

```
        < script type = "text/javascript" src = 'echarts.min.js'></script>
    </head>
    < body >
        <!-- 为 ECharts 准备一个定义了宽高的 DOM -->
        < div id = "main" style = "width: 600px;height:400px;"></div>
    </body>
    < script type = "text/javascript">
        // 基于准备好的 dom,初始化 echarts 实例
        var myChart = echarts.init(document.getElementById('main'));
            //指定图表的配置项和数据
        var option = {
            title:{
                text:'ECharts 用法示例'
            },
            xAxis: {
                type:'category',
                data:['Mon','Tue','Wed','Thu','Fri','Sat','Sun']
            },
            yAxis: {
                type:'value'
            },
            series: [{
                data:[120, 200, 150, 80, 70, 110, 130],
                type:'bar'
            }]
        };
            //使用刚指定的配置项和数据显示图表。
            myChart.setOption(option);
    </script>
</html>
```

例 9-4 的运行结果如图 9-8 所示。

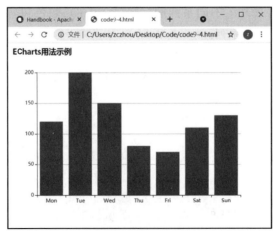

图 9-8　code9-4

从示例可以看出,使用 ECharts 的主要任务在于 option 的设置。为此,官方提供了非常丰富的 option 示例,如图 9-9 所示。

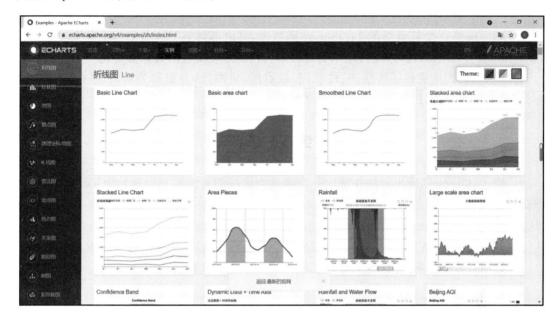

图 9-9 ECharts 图表模板

我们可以通过访问 https://echarts.apache.org/examples/zh/index.html#chart-type-bar 选择已有的图表模板,也可以基于这些图表设计自定义图表的其他效果。值得注意的是,在项目中,图表内显示的数据往往是从网站后端获取的,在系统地学习过某一种后端语言和数据库后,结合 ECharts 会有更好的应用价值。

除上述介绍的框架外,更有基于组件化编程的 Vue(如图 9-10 所示),它是一套用于构建用户界面的渐进式框架。与其他大型框架不同的是,Vue 被设计为可以自底向上逐层应用。Vue 的核心库只关注视图层,不仅易于上手,还便于与第三方库或既有项目整合。另外,当与现代化的工具链和各种支持类库结合使用时,Vue 也完全能够为复杂的单页应用提供驱动,其丰富的 API 能够帮助开发者更高效地完成网站的前端建设,更详细的文档内容可参看链接 https://v3.cn.vuejs.org/api/。

图 9-10 渐进式框架 Vue

本 章 小 结

1. jQuery 是一个轻量级的 JavaScript 函数库,其内部封装了许多 DOM 操作,并简化了 JavaScript 操作 CSS 的代码,使得原本要写很多行代码才能实现的效果被简化。

2. ECharts 库中提供了折线图、柱状图、散点图、饼图、热力图和关系图等一系列用于数据可视化的图表设计,以便用户更直观地了解数据。

练 习 题

1. 简述 jQuery 的使用方法并完成一个通过点击按钮可以显示"Hello jQuery"字符串的程序。

2. 列举三种 jQuery 中常见的事件。

3. 请通过查阅 ECharts 官方文档,完成一个折线图的设计,数据主题可自拟。

4. 请通过查阅互联网资源,了解除文中介绍外的其他前端框架。

参 考 文 献

［1］　陈经优,肖自乾.Web 前端开发任务教程［M］.北京:人民邮电出版社,2017.

［2］　任平红,陈矗.Web 编程基础——HTML5、CSS3、JavaScript［M］.2 版.北京:清华大学出版社,2019.

［3］　莫振杰.HTML CSS JavaScript 基础教程［M］.北京:人民邮电出版社,2017.

［4］　泽卡斯.JavaScript 高级程序设计:第 3 版［M］.李松峰,曹力,译.北京:人民邮电出版社,2012.

［5］　查弗,斯威德伯格.jQuery 基础教程:第 4 版［M］.李松峰,译.北京:人民邮电出版社,2013.

［6］　明日科技.HTML5 从入门到精通［M］.3 版.北京:清华大学出版社,2019.

［7］　王大伟.ECharts 数据可视化:入门、实战与进阶［M］.北京:人民邮电出版社,2020.